CONTEMPORARY CREATIVE —— SPACES

FOR —— CHILDREN ——

儿童活动空间

视觉文化 / 编

潘潇潇 / 译

广西师范大学出版社
· 桂林 ·

images
Publishing

图书在版编目（CIP）数据

儿童活动空间 / 视觉文化编；潘潇潇译 . —桂林：
广西师范大学出版社，2022.10
ISBN 978-7-5598-5290-8

Ⅰ. ①儿… Ⅱ. ①视… ②潘… Ⅲ. ①儿童－城市空间－
建筑设计－研究 Ⅳ. ① TU984.11

中国版本图书馆 CIP 数据核字 (2022) 第 147470 号

儿童活动空间
ERTONG HUODONG KONGJIAN

出 品 人：刘广汉
责任编辑：孙世阳
装帧设计：马韵蕾
广西师范大学出版社出版发行

（广西桂林市五里店路 9 号　　邮政编码：541004）
（网址：http://www.bbtpress.com）
出版人：黄轩庄
全国新华书店经销
销售热线：021-65200318　021-31260822-898
凸版艺彩（东莞）印刷有限公司印刷
（东莞市望牛墩镇朱平沙科技三路 邮政编码：523000）
开本：889 mm×1 194 mm　　1/16
印张：15.25　　　　　字数：150 千字
2022 年 10 月第 1 版　　2022 年 10 月第 1 次印刷
定价：238.00 元

引 言

何宗宪

何宗宪先生为 P A L Design Group 设计董事，至今获得的业界权威奖项与荣誉已超过 180 项，包括 Andrew Martin 国际室内设计大奖、英国 FX 国际室内设计大奖、美国 *Interior Design* 杂志年度最佳设计奖、荷兰 *Frame* 杂志室内设计大奖、IFI 全球卓越设计大奖、 INSIDE 世界室内设计奖等。

在与客户谈儿童空间方案期间，我会代入一个儿童代言人的身份，提醒自己不能以自我为中心。而接触儿童空间也为我的创作生涯带来了转变和新的情感，唤醒我内在的潜能，同时也勾起了我的赤子之心。而作为儿童空间的设计者，出发点就是利用空间让小朋友掌握新的生活节奏，从洗手、吃饭等平淡无奇的日常小事中发掘无限的可能和创意。成年人经常会有误解，认为与儿童相关的空间配搭要色彩鲜艳才有趣味。但根据我的观察，颜色的冲击的确会带来感官的刺激，引起最直接的兴奋，但同时也会引起疲劳循环，令他们难以保持专注。因此，我喜欢选择大自然的元素，避免通过强烈的视觉语言来吸引他们，希望在平静的状态下也能引发他们内心深处最纯粹的快乐和想象的空间。我认为空间的创造重点不在于童话式的布置，而要尽力避免大人和小孩产生"我就是在儿童空间中"的直观感觉，要用创意构造健康的生活方式，让小朋友在学习新事物的同时也能感受到趣味性。

儿童空间的设计要让孩子相信长大成人是一次精彩纷呈的探险之旅，让小朋友在充满盼望、期待和充满正能量的空间中长大。所以，我会尽量利用大自然的"礼物"去呈现活力，为空间和孩子赋予成长的力量。

在面对儿童真实的需要时，我们要放下大人的姿态，不要执着于将儿童塑造成我们心目中的模样。在设计儿童空间时，要提醒自己儿童发展是天性使然，成年人不应抹杀他们的童年，不能只靠自身的经验去行动，而是要思考如何帮助小朋友建立他们对世界的认知。

每个人其实都有童真和童趣，只是我们渐渐地忘了。为儿童设计空间不能以高不可攀的姿态进行创作，我会抛开一般成年人觉得能用来取悦儿童的元素，通过回想与小朋友玩耍时那些开心的片段去寻找灵感——想起他们只因一个躲猫猫的动作就能哈哈大笑，令其他人也会不自觉地被感染而会心微笑，再构想如何将治愈心灵的童趣交流融入作品之中。让小朋友产生真诚和直接的反应，才是我为儿童设计的真正意义。所以说，我并不是像大家以为的那样，在设计之初就有童心焕发的能力，恰恰相反，我是从儿童空间的设计中找回了久违的纯真和快乐。设计师绝对是一个需要拥有情趣的职业，成年人更应该敞开胸怀享受乐趣。"玩"很重要，它的价值远远超越我们的认知。而为儿童设计让我有机会实践天马行空的想法，增加幽默感，更敢于去体验，学会以儿童的视角看待人生，把成人世界某些过分的担忧和害怕慢慢抛开，有重新审视日常的心力，找回曾经拥有的童真的情怀。

——何宗宪

PAL设计公司设计董事

Contents
目 录

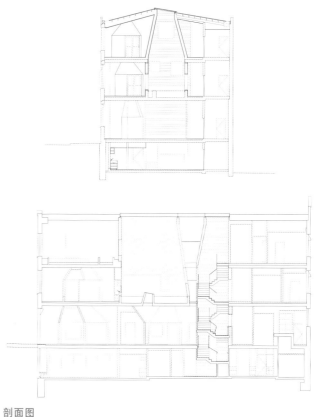

剖面图

创意益智

东悉尼早期学习中心

地点：澳大利亚，悉尼

完成时间：2016

设计：Andrew Burges
建筑事务所

摄影：彼得·本尼茨
（Peter Bennetts）

在用地紧张的达令赫斯特城区内，设计团队对一栋建于 20 世纪 20 年代的 4 层工业建筑进行了再利用，打造了一个可以容纳 60 名儿童的托管中心和社区活动空间。

设计团队将建筑构思成一个"迷你城市"，按照儿童身材重新构建结构，以创造体验式学习空间。游戏空间和独立单元通过由社交通道和室内公园构成的网络相连，位于中央的通高采光井容纳了一个大型沙坑形式的城市广场，而屋顶花园将这个"迷你城市"与远处真正的城市联系了起来。室内布局、材料细部、开窗和饰面，包括喷淋灭火装置在内的基础设施元素都被概念化了，以此引导儿童对城市和城市生活产生兴趣。

该项目包括：彻底拆除现有建筑，含所有内部装潢、结构和窗户，打造全新的儿童看护中心

三层平面图

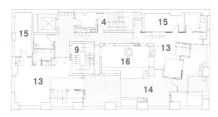

二层平面图

1 社区活动空间
2 社区小厨房
3 教研室
4 消防楼梯
5 厨房和配餐室
6 维修间
7 入口
8 管理室
9 主楼梯
10 2～3号游戏室
11 3～5号游戏室
12 露台
13 0～2号游戏室
14 户外游戏空间
15 衣帽间
16 庭院
17 廊桥
18 地上游乐平台
19 地下游乐场
20 平台

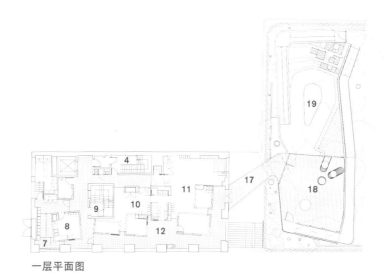

一层平面图

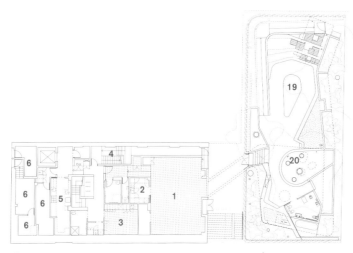

地下层平面图

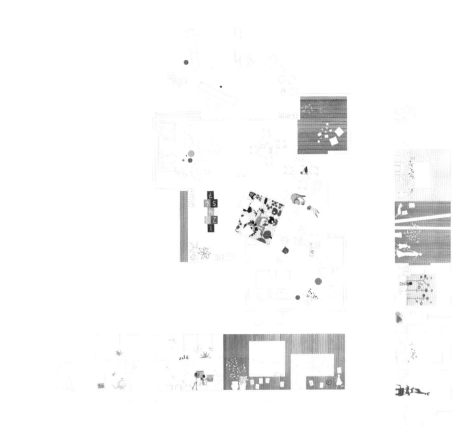

室内游戏空间研究

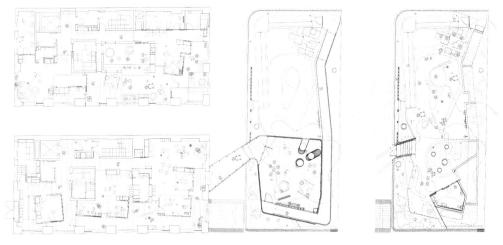

室内方案研究

和社区建筑；对相邻的约翰·比尔特纪念游乐场进行全面改造，并通过横跨伯威克巷的树屋桥将其并入中心区域；对伯威克巷的楼梯和街景等公有区域进行彻底翻修。

该项目以安全视线和结构透明为指导原则，以儿童的想象力和游戏为指导框架和设计灵感。项目最初的目标是关闭伯威克巷，将约翰·比尔特纪念游乐场与现有建筑连接起来，并将儿童看护中心设在现有建筑的下面三层，将社区中心设在顶楼。但经过详细的城市分析、社区咨询及对悉尼市的回顾，设计团队制定了一个更富有想象力的城市战略——巷道保持开放，通过新打造的楼梯改善这里的环境。设计团队最终将社区中心设在底层，将儿童看护中心设在上面三层，树屋桥从巷道上方横跨而过，人们可以由此前往下方的游乐场。

在开发内部独立单元的过程中，还有两点需要考虑：一是创造机会让自然光线深入建筑内部；二是为游戏空间打造一个与之完美衔接的内部空间，并创造一系列不同的室内空间使用情景，儿童可以在此进行富有戏剧性和想象力的游戏，也可以在此进行相对安静的游戏。

约翰·比尔特纪念游乐场的设计侧重于打造一系列围绕现有树木展开的质感体验和游戏方式，将其与树屋桥和主体建筑的斜坡融为一体，还融入了泥坑、沙坑、露天剧场、户外教室和互动式水墙。

东悉尼早期学习中心的可持续发展目标与悉尼市2030年可持续发展的目标是一致的：在屋顶上安装用于获取太阳能的光伏设备；通过内部种植园和绿化，以及混合模式的通风和保暖分区实现窗口净化，以尽可能地减少空调的使用；使用包括太阳能驱动的水热供暖装置和散热器在内的替代性热舒适设施；大量使用采光井以使自然光线照进建筑内部；安装雨水收集和节水装置；推广自行车停车和工作人员换班设施等绿色交通规划；选用可回收价值高的材料、低挥发性涂层的无毒材料、低甲醛产品和家具、可再利用木材、快速可再生材料和本土材料等。

创意益智

枫树街学校

地点： 美国，纽约

完成时间： 2017

设计： BAAO 建筑事务所，
4|MATIV 设计工作室

摄影： 莱斯利·昂鲁
（Lesley Unruh）

为了适应快速变化的街区环境，枫树街学校正在积极扩建校区。全新的学习环境是由 BAAO 建筑事务所和 4|MATIV 设计工作室联手打造的，可以满足各种课程需求。一系列开放、灵活的空间配以推广学校教学理念的元素，构成了一个舒适的教学环境。

枫树街学校旨在为学龄前儿童带去家一样的感觉，无微不至的关怀、柔软舒适的细节及充满趣味和无限幻想的学习空间成为室内设计的主基调。这里的教学注重合作和参与，而求知欲和玩耍对学习来说也非常重要，这些概念决定了该项目的设计过程和成果。

平面规划的核心在于 4 个互相连接的主要空间：1 个多功能房间和 3 间教室。孩子们需要养成健康的饮食习惯并参与社交活动，因而需要在多功能空间内打造一个半开放式厨房。厨房可开放，也可封闭，并可以根据不同的活动需求变换背景和图案。

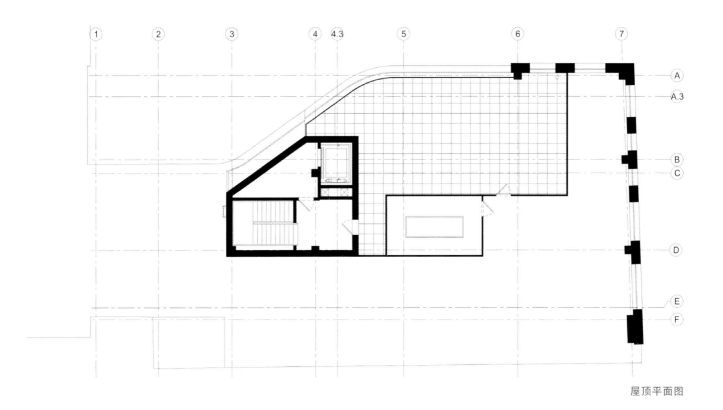

屋顶平面图

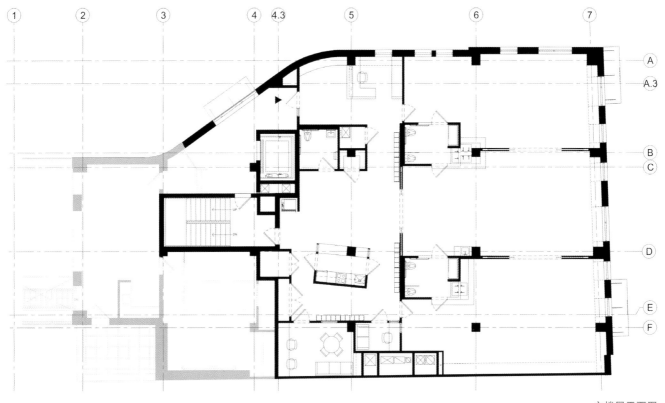

主楼层平面图

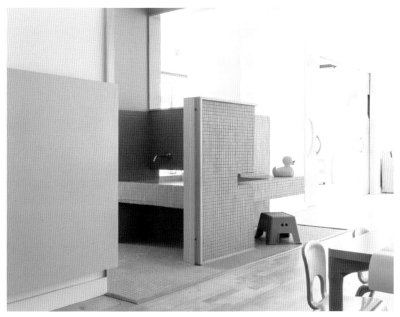

各个教室通过大型折叠门分隔，门上有趣的开口形式为教室里的孩子和教职员工营造了轻松、活泼的氛围，也鼓励孩子和教职员工互动。大型折叠门增加了空间的灵活性，可以满足多种活动需求。共享的半开放式盥洗室既是空间的焦点，也是空间的交会处，便于教职员工时刻关注孩子的动向。教室和盥洗室之间设有槽形游戏水池，孩子们可以在嬉戏和互动中学习。

所有空间采用的均是白墙和色调温暖、柔和的枫木材料。简洁的室内空间让孩子们有了更多发挥创造力的机会，他们可以在墙面、大门和盥洗室自由绘画。入口处的"枫木钉墙"营造了轻松、愉快的氛围，这里也是孩子们从家庭生活向学校生活平稳过渡的空间。

位于建筑屋顶的户外娱乐空间采用了彩色的橡胶地板铺面，地板上是一个大的像素化岛屿图案。空间外围采用了暖色的雪松木围栏和穿孔金属板，这里计划设置一间户外教室，而绿墙也让孩子们有了亲近自然的机会。

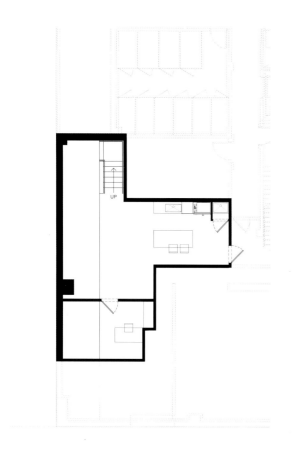 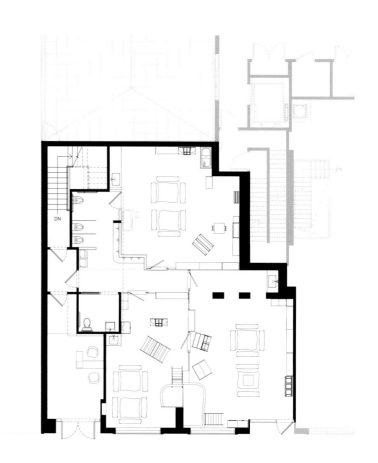

平面图

创意益智

Mi Casita 学前文化中心

地点： 美国，纽约

完成时间： 2019

设计： BAAO 建筑事务所，
4|MATIV 设计工作室

摄影： 莱斯利·昂鲁

Mi Casita 学前文化中心是一个多功能儿童空间，由 BAAO 建筑事务所和 4|MATIV 设计工作室联手打造。为了实现多功能性，设计团队利用有限的空间打造了非同寻常的儿童空间，3 间教室在一个大空间内，空间挑高约 4.6 米。

家具充当了房间隔断，可以根据驻地艺术家表演等活动的需求灵活转换。空间周围设有 L 形水槽，这里不仅是洗手池，还是孩子们的社交聚集地。

项目的设计重点是打造一个有如"家外之家"的学习环境，融入了与家和城市有关的平面元素，激发孩子们了解不同文化的兴趣。大型夹层中展示了与课程相关的季节性展品，墙体上的镂空构成了孩子们的阅读角和空间通道。盥洗室和水槽周围浅蓝色的马赛克瓷砖构成了城市建筑的轮廓，与城市的天际线相呼应，并作为线性元素出现在窗户上。

色彩运用为整个空间带来了戏剧性的效果。翠蓝色的天花板和发光的圆球，营造出一种蓝天白云的明亮感。墙面的镂空和空间元素使用了橙色，暗示空间性质发生了变化，孩子们可以通过带有橙色线条的楼梯前往父母的办公空间。

北京儿童支援中心

地点： 中国，北京

完成时间： 2019

设计： HIBINOSEKKEI +
Youji no Shiro

摄影： HIBINOSEKKEI +
Youji no Shiro

这是一个位于北京市市中心开发小区内的儿童支援中心，其目标客户为居住在此的年轻家庭，希望此处能成为孩子、家长及邻里相聚的中心。

该项目的核心概念为"城市中的街头游戏"，这个灵感来源于北京的旧时风景。设计公司利用集装箱制成了一个个独立的模块，集装箱模块的墙壁可以自由拆分，以适应教育计划的需要。每个模块都有各自的功能，如图书室、烹饪室、多功能学习室、咖啡角等，孩子们在这里可以专心地学习或玩耍。集装箱不仅容易保养，性价比也较高。

考虑到孩子们在这里玩耍及学习的方式，设计师设置了只有孩子们能去的阁楼，那里每个模块的高度只适合孩子们的身高。阁楼并没有使用太多颜色，因为这里不是游乐园，而是孩子们学习、玩耍的地方，况且孩子们本身已经自带色彩，如他们所穿的服饰——他们在玩耍时也会创造色彩。

此项目最具创意、最独特的设计就是集装箱模块。为了解决预算有限这个难题，设计师想到了集装箱。使用集装箱在成本、建造、保养上都占有优势，而且集装箱模块可以在空间内任意摆放。走廊的设计好像老北京的街道，孩子们可以在走廊中玩耍，并了解其他孩子是如何玩耍和学习的，孩子们之间也因此增加了交流。在模块上方的空间里增加扶手，就打造成了一个阁楼，孩子们可以在此尽情地玩耍而不用担心空间狭窄。

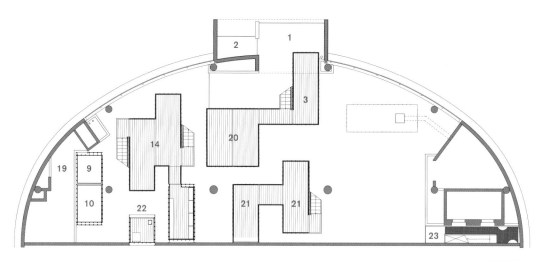

二层平面图

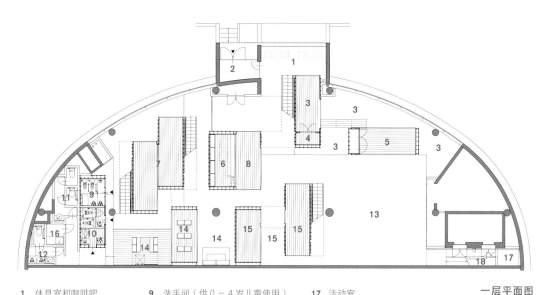

1	休息室和咖啡吧	9	洗手间（供 0 ～ 4 岁儿童使用）	17	活动室
2	入口	10	洗手间（供 4 ～ 6 岁儿童使用）	18	储物间
3	社区花园	11	洗手间（女）	19	管道间
4	储物间	12	洗手间（男）	20	图书室和咖啡吧
5	厨房	13	综合活动区	21	多功能学习区
6	办公室	14	儿童绘本馆	22	玩具图书馆
7	供学龄前儿童使用的房间	15	手作间	23	阁楼
8	接待区和商店	16	母婴室		

一层平面图

在城郊，人与人的关系变得越来越淡漠，但是对孩子们的成长来说，大家亲切相待的环境是很重要的。在这个开放小区，儿童支援中心就是这样一个温暖的环境，任何年龄段的小孩都能来这里活动，家长也可以和孩子一起玩，这是一种新的育儿方式。中国有太多色彩缤纷的儿童设施，但在这里，设计师不直接为孩子们提供乐趣，因为他认为孩子们自己去寻找、创造一些有趣的游戏更重要。于是，设计师创造了一个简洁的场所，孩子可以在玩耍和学习中展现他们的好奇心和创造力，当地居民也可以在此相聚交流。此中心开业后，不同年龄的人在此相聚，有中国人，也有外国人。在这样一个国际化的环境中，孩子们可以通过和不同背景的人交流，发展他们的感性认识，理解不同的文化。

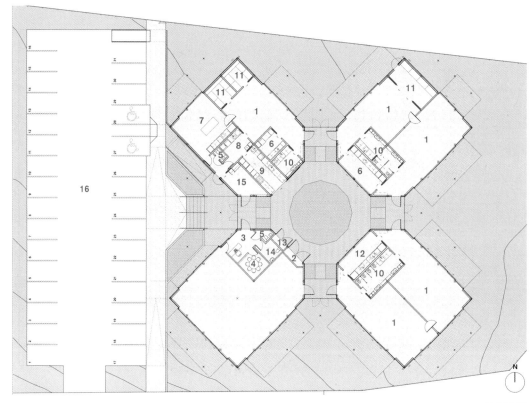

一层平面图

New Shoots 儿童中心

地点： 新西兰，凯里凯里

完成时间： 2020

设计： Collingridge & Smith 建筑事务所

摄影： 阿曼达 · 艾特肯（Amanda Aitken）

创意益智

凯里凯里的气候宜人，为了让孩子们以更自然的方式与环境互动，该建筑被分割成 4 个亭子，占地 700 平方米，每个亭子都针对不同年龄段的儿童，但各个亭子之间不是隔绝的，而是由一个巨大高耸的屋顶连接在一起的，孩子们可以在亭子之间自由活动。

屋顶为亭子和周围的大部分空间遮挡了阳光和雨水，并为户外餐饮和外部流通提供了空间，整个设计中还穿插了口袋花园。亭子的开口全都朝向建筑中心醒目的 pohutakawa 树，以鼓励儿童与自然环境互动。建筑设计反映了岛湾家庭的本土文化，室内模糊的界线激励着儿童在此进行开放性探索和自我发现。

该项目采用了大量自然材料，为孩子们创造了一个温馨的空间。水平的木质覆层与铝材相结合，营造了一个更轻盈、更自然的环境。

亭子有大型推拉门，最大限度地与室外操场相连，并获取大量的日光和自然通风，以保持最佳的内部环境质量，促进幼儿的健康成长。每间教室都是特别设计的，旨在给孩子们提供一个独特的学习环境，以满足每个年龄段的孩子的独特需求。定制的橱柜和家具展现出每一个空间的设计都是经过深思熟虑的，并通过建筑的整体形态体现出一种凝聚力。

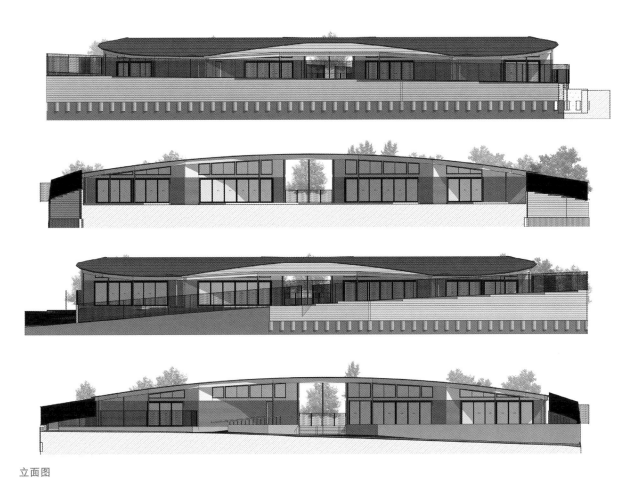

立面图

剖面图

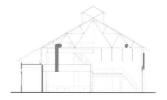

剖面图

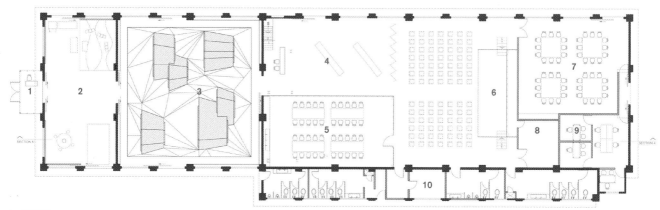

平面图

1 接待区
2 前厅
3 绘本馆
4 陈列室
5 工艺美术屋
6 戏剧室
7 成人学习室
8 仓库
9 办公室
10 空地

Niños Conarte 儿童图书馆与文化中心

创意益智

地点：墨西哥，蒙特雷

完成时间：2013

设计：Anagrama

摄影：Caroga 摄影工作室

项目位于墨西哥第三大城市蒙特雷市，这里拥有美丽的山景与强大的工业底蕴。该城市市中心的一个工业遗址被改建成综合性公园，这里有花园、博物馆、会展中心、礼堂、主题公园和文化场馆。Anagrama 受委托在此处的一个仓库中设计了一个儿童图书馆与文化中心，最终的设计并未削弱原来的工业气氛，反而在一定程度上增强了这种氛围。

场地中的阅读平台模拟了蒙特雷市的山脉地形，书架不再只是具有储藏功能，还是孩子玩耍和学习之所。这里不但提供了舒适的阅读空间，还能激发儿童的想象力。丰富多彩的几何形设计与原始的工业建筑风格碰撞在一起，营造出独特而欢愉的氛围。

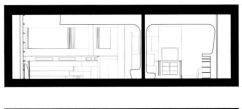
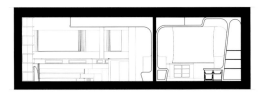

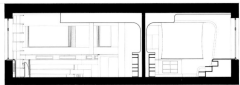
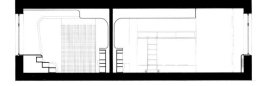

剖面图

创意益智

儿童俱乐部

地点： 俄罗斯，圣彼得堡

完成时间： 2016

设计： 安德烈·斯特列利琴科（Andrey Strelchenko）

摄影： 德米特里·齐列什奇科夫（Dmitrii Tsyrenshchikov）

了解学龄前儿童的需求对建筑师来说是非常重要的，他们经常观察孩子们在不同活动、游戏情境和不同场所的行为，孩子们时常会为他们提供好的想法。了解当地的气候情况也同样重要，建筑师需要考虑不同天气情况下孩子们可以在哪里玩耍。当然，他们还需要考虑孩子们的年龄、身高，为他们营造舒适的环境，让他们可以独立地解决问题。与此同时，保证孩子们的安全也非常重要，要避免发生触电或受伤等情况。另外，建筑师还需要了解儿童活动空间的建造规范和卫生标准。在项目的初始阶段，老师们也参与其中，为空间设计提供建议。

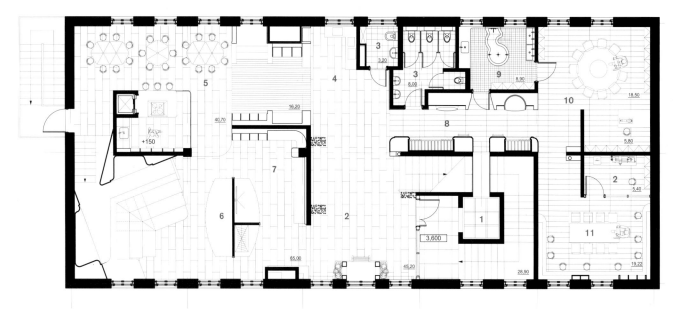

二层平面图

1	迷宫	7	媒体库
2	攀岩墙	8	隐秘的壁龛
3	洗手间	9	水房
4	蒙台梭利教学间	10	刺绣手作间
5	餐厅	11	手作间
6	戏剧室		

一层平面图

1	刺绣架	5	办公室
2	大厅	6	走廊
3	洗手间	7	迷宫
4	厨房	8	休息室

开敞式布局有助于孩子自主体验，活动区有助于孩子释放能量，舒适的场所可供孩子休息，手作间有助于孩子发挥创造力。俱乐部内不同区域的切换可以培养孩子的独立性，并使他们意识到自身的潜力。全新的空间场地采用了全新的材料：木料、混凝土、陶瓷、布料。每个空间都有不同的材料，有助于孩子比较不同材料和不同表面的触感，甚至还有一个房间是用来帮助孩子了解水及其特性的。这些场地使用了各种日常生活中并不常见的形式：曲线形墙体、洞穴迷宫、槽形水箱等。它们打破了孩子们对周围事物的固有印象，也激发了孩子们的想象力和创造力。

建筑师为不同年龄段的孩子设计了多个不同的
区域，孩子们可以在这里做很多事情。设计师
最终打造出一个鼓励探索和学习的空间，帮助
孩子们提出问题并找到问题的答案。

OliOli 游戏博物馆

地点： 阿拉伯联合酋长国，迪拜

完成时间： 2017

设计： Sneha Divias 工作室

摄影： Nikola and Tamara

该项目的任务是对废弃的游戏场地进行重新设计，从而为孩子们提供一个充满乐趣且具有挑战性和创造性的活动场所，一个富有创意、可以无限畅玩的开放式游戏空间，孩子们可以自由自在地在这里玩耍。其设计灵感源于 4 个方面：儿童博物馆、游乐场、儿童美术馆和创意实验室。

设计师借助充满奇思妙想的展厅描绘出一场概念之旅，用中性材料和充满活力的色彩激发孩子们的好奇心，并巧妙地保留了建筑的原有结构。拱形通道光影交错，混凝土、木材和金属等有纹理质感的材料为孩子们带来了更多的感官体验。

除了接待室、浴室、走廊、咖啡厅、生日派对屋等公共区域之外，游戏博物馆内有 8 个不同的展厅。每个展厅都有自己的特色，但都遵循干净、整洁、有趣的设计原则，中性材料和品牌颜色相辅相成。

二层平面图

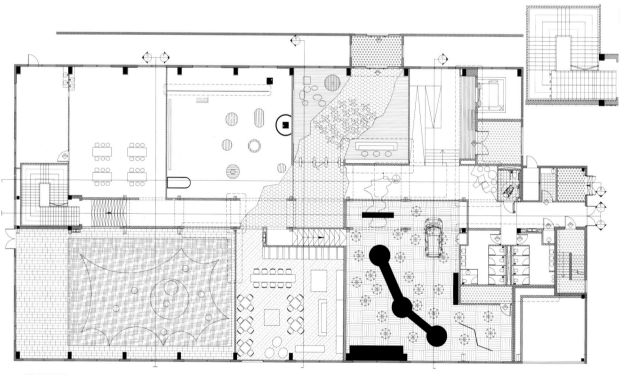

一层平面图

游戏博物馆内明亮宽敞，鼓励孩子自发地探索，而非采用某种过度刺激的方式。从鸟儿到蝴蝶，从鲜艳的色彩到古怪的雕塑，每个角落都有细节设计。孩子们每次来此参观，都可以发现一些新的东西。展厅内设有 40 多个精彩的互动活动，有助于释放孩子们的创造力，激发他们对学习的热情，鼓励孩子们去探索——因为这里没有对错之分。

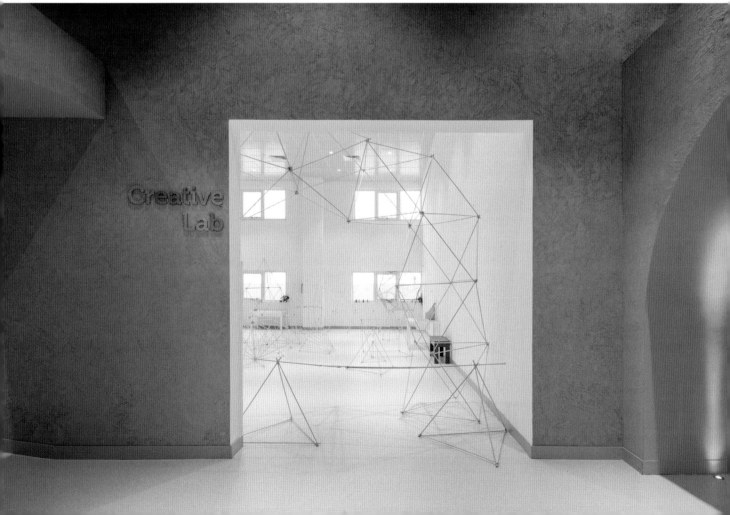

TRINS 早期学习中心

地点： 印度，特里凡得琅

完成时间： 2019

设计： Ranjit John 建筑事务所，EDI 事务所

摄影： 安德烈 · J. 方托姆（Andre J. Fanthome）

TRINS 早期学习中心是一家以实现适应性基础教育为愿景的学前教育机构。人们的行为和本能通常会受到所在空间的影响，因此设计师要对空间设计负责，教育空间设计更是如此。TRINS 早期学习中心的设计旨在通过创造满足目标群体的情感、身体和社会需求的空间来聚焦教育。

TRINS 早期学习中心有 4 层，能容纳 200 名 6 个月至 6 岁的儿童。EDI 事务所构建了一种叙事模式，将令人舒适的场景、声音和味道融合在一起，进而促进儿童的全面发展。室内空间为学龄前儿童提供了关于探索、实践和想象的元素。

这是为孩子们打造的关怀空间和学习场所，每个楼层位于室内或室外的学习空间和活动空间都实现了无缝衔接。每个楼层都设有卫生间、教师协作区和行政管理区。另外，不同的楼层分配给不同年龄段的孩子。

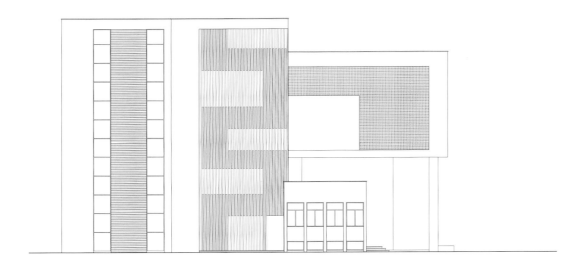

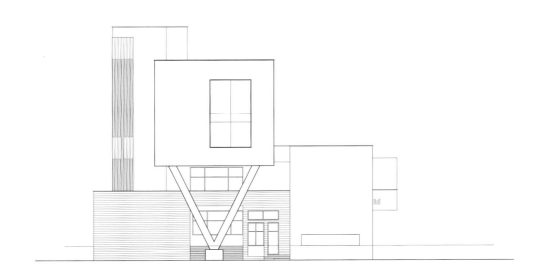

立面图

1　景观露台
2　学步儿童活动区
3　楼梯
4　教师活动区
5　洗手间
6　庭院
7　幼儿休憩区

二层平面图

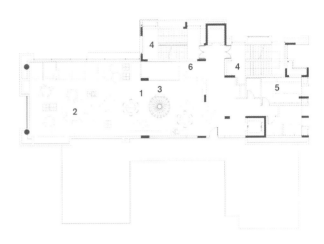

1　KG-1 室
2　KG-2 室
3　隐秘空间
4　楼梯
5　洗手间
6　教师活动区

三层平面图

1　儿童厨房
2　楼梯
3　电梯
4　咖啡吧
5　员工更衣室
6　教室培训区
7　游戏区
8　储物间
9　休息区

地下室平面图

1　探索区
2　厨房
3　楼梯
4　接待区和探索区
5　洗手间
6　等候区
7　会议室
8　校长办公室
9　管理区
10　池塘

一层平面图

通过入口门厅进入建筑时，人们会感受到空间的宏伟。接待处的前台撑起了后面的背景，墙上的文字展现了这家儿童中心的创办宗旨。接待处设有休息区和中央探索区，还配有座椅和储物空间。一楼还设有行政管理区和室内外探索区，突出了空间的趣味性。

一楼是专门为婴儿和学步儿童设计的。考虑到

他们的需求，设计团队在这层楼设置了婴儿区、学步区、进食区和午睡区。各个空间都安装了柔软的铺面和1.2米高的墙壁，孩子们可以在这里玩耍和探索。上述空间通过透明玻璃或半透明橡木架子建立起视觉上的联系。空间内没有任何尖角或有害物质，以保障孩子们的人身安全。另外，户外平台还设有沙坑和水池，孩子们可以在这里玩耍。

二楼是为学龄前儿童打造的学习空间。这层楼有两个教室，不同类型的座位组合在一起，空间环境安全、宜人，且功能多样。家具和储物空间是为进入 TRINS 早期学习中心的孩子们设计的。教室内配有安全防护设施、多功能吊舱和柔软的地垫。教室外的安静区与这家学习中心活动的特质相辅相成。从视觉上看，活动区是一个户外空间，是一个可以开展文学和表演艺术活动的趣味空间。露台安装了可以拉伸的遮阳板，为孩子们打造了舒适的环境。露台旁边摆放着画架、花盆，还有一个沙坑。

顶楼是幼儿园。这层楼有 2 个在视觉上相连的教室、1 个专用的安静阅读区。作为整体设计的延伸，教室内设置了私密小空间、灵活组合的家具、储物空间和座椅。攀岩墙、墙上的镂空图案和带图案的柔软铺面一改传统教室的单调氛围。安静阅读区作为阅读角的补充，鼓励孩子们走进有趣的图文世界。

吊舱内可以开展各种实践活动，孩子们可以在玩游戏和听故事的过程中学习。阶梯座椅、储物空间、灵活摆放的家具陈设不仅丰富了空间的功能，还提高了学习的效率。吊舱的设计灵感来源于喀拉拉邦的船屋。户外空间设有运动游戏区、水上游乐区、花园、菜园及感官和触觉活动区。设计团队借助各种元素为婴幼儿和学龄前儿童打造了一个趣味学习空间，这里成了他们的另一个家。

M.Y. frog 儿童活动中心

地点： 希腊，克桑西

完成时间： 2020

设计： MNK 设计工作室

摄影： 格里戈里斯·莱昂蒂亚迪斯（Grigoris Leontiadis）摄影工作室

M.Y. frog 是克桑西市的一家创意儿童活动中心，设在 100 平方米的空间内，由 2 个活动室、1 个教师办公室和多种儿童卫生设施组成，教师办公室还兼作接待室，接待到访的家长和孩子。活动中心所在空间原先是一家婚纱店，如今成为 5 ~ 12 岁儿童的活动空间。

M.Y. frog 旨在开拓儿童的认知视野，发展他们的技能和特殊才能，培养他们的个性，帮助他们学会独立自主。通过参与各种教育项目，孩子们将学会团队协作，进而成为乐观的社会成员，为未来奠定基础。

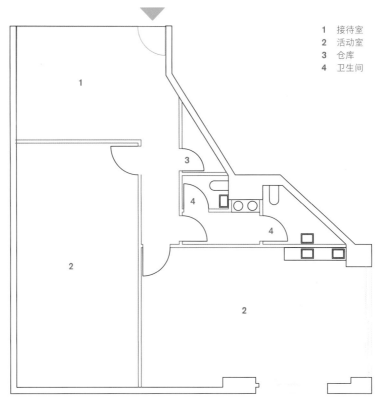

1 接待室
2 活动室
3 仓库
4 卫生间

平面图

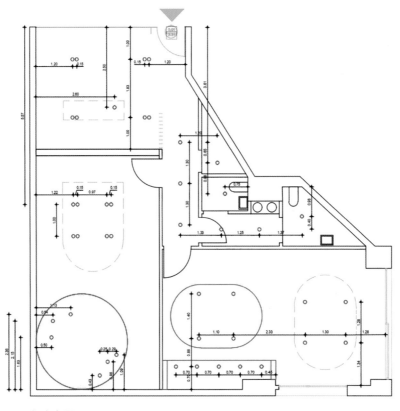

灯光布置图

在空间设计上，设计团队基于儿童的想象力和喜欢探索又好动的天性设计了两个活动室，这两个活动室可以独立使用，也可以合二为一。大厅之间的隔墙被书柜替代，并留出了一个尺寸合适的开口，以实现两个空间的过渡。设计的主要目标是通过视觉刺激和建筑元素的动态变化来培养儿童的审美能力。线性元素和曲线形状和谐共存，每个房间的结构都有自己的色彩。地板、墙壁和天花板采用了木材，营造出一种自然、温暖的感觉，整个空间在其共同作用下变得立体、充实起来。

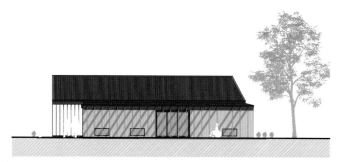

立面图

游戏娱乐

剑桥小镇的奇妙之屋

地点： 新西兰，剑桥小镇

完成时间： 2020

设计： Collingridge & Smith
建筑事务所

摄影： 马克·斯科文
（Mark Scowen）

奇妙之屋位于新西兰剑桥小镇的隐蔽湖泊附近，这里风景如画。这一儿童早期看护学习中心可以容纳 90 个 0~6 岁的儿童。这里有先进的设施、明亮的开放式教室和宽敞的户外游戏区，为孩子们提供了一个温馨的环境，孩子们可以在这里自由地探索和活动。

设计团队将学习中心设计成一排房子，并借助花园和走道将这些房子连接起来，创造出一个以社区为中心的"村庄"。教室被分解成较小的谷仓一样的形式，分布在天然的户外游戏景观和有顶的木质走道周围。这样设计是为了满足不同儿童群体的需求，将他们的活动中心变成大本营。

建筑总面积为 630 平方米，有 5 个"人"字形屋顶，分散的建筑与外部通道交织在一起，使室内外空间相互连接。为了打造现代感，设计团队使用了立式波纹木板贴面，并在空间内种植高大的松树，以剑桥小镇为背景打造郁郁葱葱的环境。

奇妙之屋的核心理念为"环境是孩子的第三任老师"，因此，建立与自然和户外的联系至关重要。室内外空间通过大扇滑动门和有顶的木质遮篷实现了无缝衔接。采用大扇开窗不仅可以降低室内的温度，还可以引入新鲜的空气，并使自然采光进一步透射到空间深处，以减少空间对人工照明的需求。

这一看护学习中心还在其课程中融入了瑞吉欧教学法，并根据这一教学法专门打造了多个艺术工坊，孩子们可以在此游戏，并展示他们充满创造力的艺术作品。

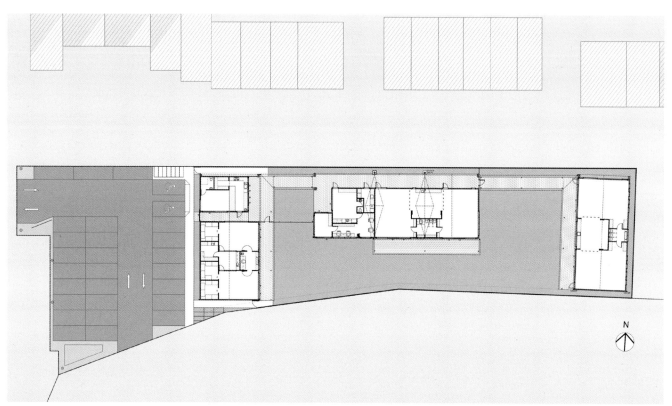

一层平面图

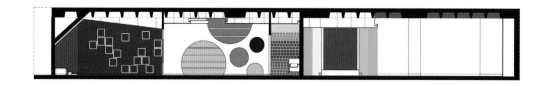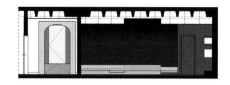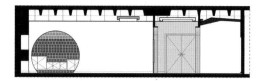

剖面图

KALORIAS 游乐中心

地点： 葡萄牙，奥埃拉斯

完成时间： 2013

设计： Estúdio AMATAM 事务所

摄影： Estúdio AMATAM 事务所

这个为儿童设计的空间引导我们穿越时空，寻找存在于所有生命背后的不安，寻找我们梦中的意象。我们总是在需要创意的时候寻找自身孩子般的本真。

这个全新的空间为设计团队提供了一个为孩子们打造休憩之所的机会，孩子们可以在这里尽情地发挥他们的创造力。为了达到这一目的，设计团队用色彩激发孩子们对空间的感知，而色彩心理学已经成为他们采用的一种基本干预方式。

该空间位于奥埃拉斯 KALORIAS 健康俱乐部大楼内，由 2 个大房间和 1 个大厅组成，原先是用来举办公司活动的。新项目规划了多功能的布局，插入了一个用于学术活动、电影观看、阅读和多媒体教学的阅览室，这里也是展示工艺品的视觉艺术区和充满趣味的游戏区。设计团队根据这些需求对空间进行调整，保留了大部分原有结构，添加了一些不同寻常的形式、色彩、材质、图形——体现了一种象征性意义，让这里成为一个梦境般的现实世界。

设计团队勇于挑战自我，摆脱了常规的建造思维准则，让空间平衡的概念消失，这样他们就可以从既定、现实的概念中脱离出来，最终打造了一个专属于儿童的趣味空间。

游戏娱乐

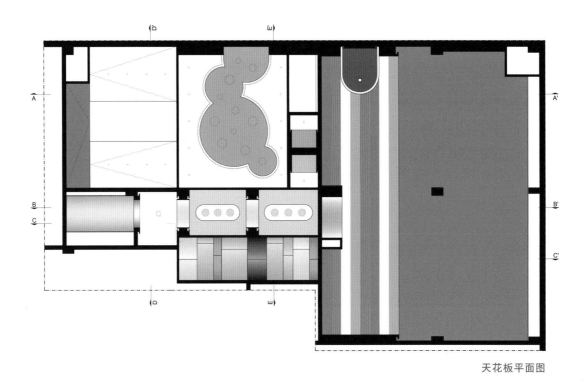

天花板平面图

平面图

1	入口	8	视觉艺术空间
2	衣帽间	9	哺乳室
3	大厅	10	湿区
4	走廊	11	洗手间
5	游戏室	12	多功能房
6	阅览室	13	"俄罗斯方块"区
7	露天剧场	14	舞台

每个新设计的房间都有独特的功能，讲述着不同的故事，全新的设计元素使房间以一种特殊的情景化方式展现在人们眼前。所有的房间都互相连通，走廊是统一的，采用了相同的空间语言和形式语言。各式各样的拱门是走廊的特色所在，象征着小公主和小国王的宫殿长廊，还可用作展示房间和多功能的窗口。

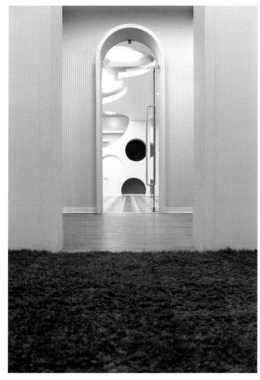

阅览室被打造成小型的露天广场，这里设置了一块巨大的黑板，孩子们可以在上面书写和画画，这块黑板还可以用作电影和动画片的投影放映屏幕。视觉艺术区由有机图形和充满活力色彩的曲线组成，有助于增强视觉表现力。

大面积的蓝色天花板上闪烁着白色的灯光，让人联想到星空，而穿孔的墙壁带来了一些小的隐藏空间，创造出独特的视觉效果。

在游戏区，绿色的地毯弱化了地面的存在，墙壁被一组解构了天花板的彩色斜坡包围。这条神奇的走廊的尽头有一个多功能空间，它是一个充满趣味的开放空间，彩色的"俄罗斯方块"堆叠成的小山和小型戏剧表演舞台是这里的特色所在。

然而，这个项目最有意义的地方还在后面——大家可以看到不同的孩子如何适应并利用这个空间，观察这个由成年人打造的梦幻世界如何变得更符合孩子们的想象。设计团队希望这个色彩鲜艳、形式不同寻常和独具特色的空间可以帮助孩子们充分挖掘自己的潜能。

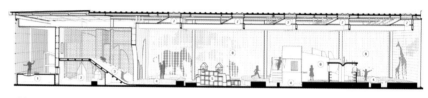

剖面图

分解轴测图

1 带天窗的屋顶
2 带天窗的天花板
3 北侧立面
4 西侧玻璃幕墙和像素化屏幕
5 南侧玻璃幕墙和像素化屏幕
6 主游戏区
7 过渡大厅
8 入口大厅
9 户外游戏区

游戏娱乐

Playville 游乐场

地点: 泰国,曼谷

完成时间: 2018

设计: NITAPROW 设计公司

摄影: 凯西丽·旺万
(Ketsiree Wongwan)

大自然对我们大多数人而言是最好的学习场所,有意识地在设计中引入大自然的趣味性至关重要。通过建筑的多种地形结构来鼓励蹒跚学步的孩子用不同的方式移动,可能是帮助他们充分探索身体和认知能力最基本的方法之一。大自然的地质多样性为设计提供了有趣的线索,

设计师最终规划出 4 个区域与大自然相匹配。

入口大厅（雾与树的隧道）

倾斜薄膜、木质地板、墙壁、储物柜和拱门一起塑造了坚实、温馨且迷人的入口。低冲击地板取代了硬木地板,以防止孩子们因玩闹而受伤。

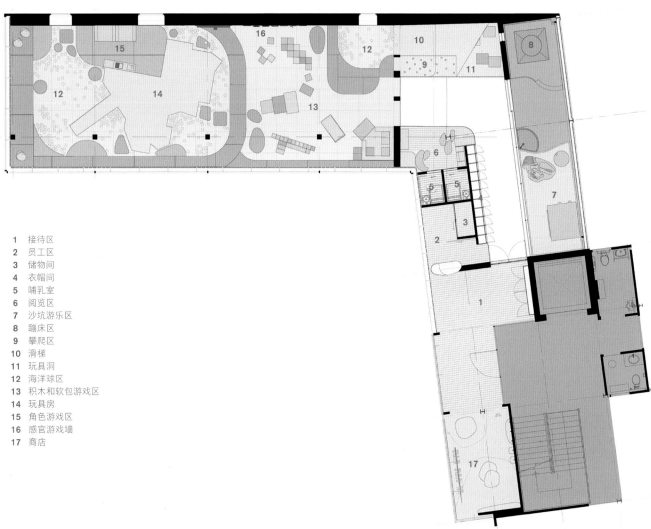

1　接待区
2　员工区
3　储物间
4　衣帽间
5　哺乳室
6　阅览区
7　沙坑游乐区
8　蹦床区
9　攀爬区
10　滑梯
11　玩具洞
12　海洋球区
13　积木和软包游戏区
14　玩具房
15　角色游戏区
16　感官游戏墙
17　商店

平面图

过渡大厅（山和洞穴）

升高的木质平台打造出一个可供攀爬的高地，同时在它下面形成了一个私密的隐藏空间。架高地形的一端与主游戏区相连，另一端在视觉上与户外区域相连。

室外覆盖区域（沙丘和绿洲）

该区域特别设置在凉爽的建筑正东方向，孩子们可以跳入沙坑，在绿草覆盖的蹦床上欢呼雀跃，并观察小动物在下方的花园里跑动。

主要游戏区（岛屿和湖泊）
定制的海绵板环绕着下陷的球坑。围绕游戏室
和岛屿而创造的循环路线，可以让孩子们不停
地来回玩闹。

游戏娱乐

青岛家盒子

地点： 中国，青岛
完成时间： 2015
设计： Crossboundaries
摄影： 夏至

儿童早期教育发展机构近年来在中国迅速兴起，家盒子作为国内家庭教育的先行者，于 2015 年在青岛市开设了第六家分店。Crossboundaries 设计的这座两层楼具有儿童早期教育发展机构的典型功能，包括婴幼儿游泳馆、教室、开放的游乐场地及咖啡厅。不同于其他分店的是，青岛家盒子位于一座购物中心的四楼，因而入口的过渡空间更大。这样既能设置接待台、绘本馆和商店等，还能为潜在的用户提供课程体验，并引导会员分别进入会员区和游泳馆。

创新方案有效整合多功能需求

当小朋友和成人进入大门时，家盒子内精选的统一色彩有效地过滤了商场纷杂的广告色彩和强烈的商业化感受。设计中的黄、蓝、绿代表着青岛的地域特色——沙、天和海，并分别象征着不同的设计元素，让儿童更容易区分不同区域。地板及阶梯是黄色的，为了解决客户对面积的需求与有限空间之间的矛盾而设计的多功能智趣空间是蓝色的，夹心墙智趣体块是绿色的。

五层平面图

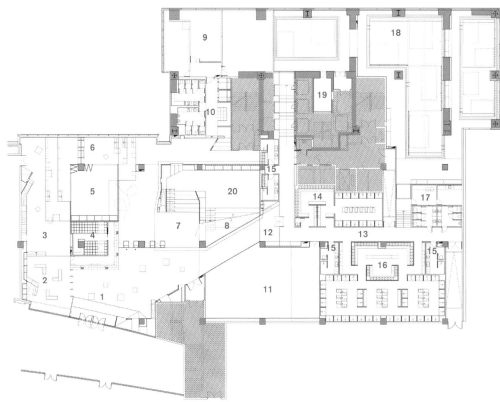

四层平面图

1 大厅、公共空间
2 商店
3 绘本馆
4 接待台、衣帽间
5 开放教室、游戏空间
6 童谣区
7 小多功能厅
8 软包游戏区
9 机电室
10 卫生间、休息区
11 攀爬架（一层）
12 泳池区大厅
13 泳池区走廊
14 男更衣室
15 家庭更衣室
16 女更衣室
17 卫生间、教练室
18 泳池
19 泳池储藏室
20 多功能厅
21 咖啡吧
22 艺术游乐区
23 医务室
24 舞蹈教室
25 开放式多功能教室
26 音乐教室
27 音乐游乐区
28 艺术与手工教室
29 感官游乐区
30 儿童休息区、育婴室、VIP 室
31 沙坑游乐区、戏水区
32 科学教室
33 VIP 室
34 走廊
35 简餐、休息区
36 迷你超市
37 厨艺教室

当可移动隔墙封闭时，各空间可作为独立教室或小组活动的游乐空间；当隔墙打开时，里外空间可以连通起来，比如，读故事时绘本馆可以连通旁边的房间，房间及旁边的阶梯也可变成小舞台和观众席。中间的主要楼梯一般情况下使用玻璃墙作为隔断，当有活动时可降下投影幕布，部分阶梯可用作观众席。

适应儿童尺度，融合父母需求

通常的教育设施布局习惯于将学和玩的概念分开，进而为空间划分独立区域。然而，家盒子中散布着众多智趣体块，其中包括滑梯、攀爬区、软垫座、书架等，儿童可以在任何地方玩耍或坐着阅读。

这些智趣体块是根据儿童的身高和行为习惯来设计的，可以让儿童舒适地攀爬及行走。他们可以在这些体块中与家长并行，也可以单独穿越。个别的小方形窗户可以让儿童看到外面，满足其好奇心，家长们也能够透过这些窗户关注孩子的状况。这样的设计理念源自中国家庭的特点：家庭成员对独生子女的额外关注使家长需要常常陪伴在旁。家盒子有别于其他空间的地方在于，它没有专为家长划分小范围的等候区，而是通过在空间中分散布置众多的休息座位，让家长可以陪伴孩子左右，或者在孩子参与活动时在附近的阶梯和软座上等候。

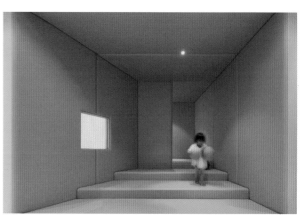

1　等候区
2　换鞋区
3　接待区
4　绘本馆
5　阅览区
6　美术教室
7　蓝色大积木房
8　游戏塔
9　制冷站
10　咖啡吧
11　厨房
12　婴儿游戏区
13　儿童游戏塔
14　洗手间
15　办公室
16　哺乳室
17　储藏室
18　派对屋

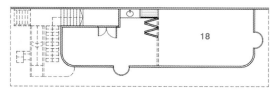

上层平面图

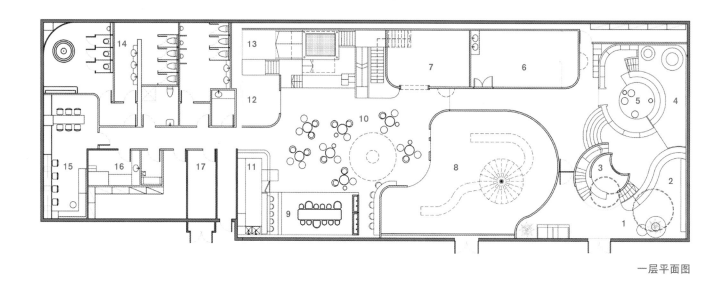

一层平面图

游戏娱乐

NUBO 儿童游乐中心

地点: 澳大利亚,悉尼

完成时间: 2017

设计: PAL 设计公司

摄影: 米歇尔·杨（Michelle Young）,艾米·帕丁顿（Amy Piddington）

NUBO 儿童游乐中心位于悉尼市亚历山大港的一个三层楼高的空间内。在西班牙语中,"NUBO"有"云"的含义。作为一个供儿童学习和探索的创意中心,NUBO 具有无限潜力。

经过精心设计后,这个儿童游乐中心可以灵活地满足 2 ~ 8 岁儿童的各种需求,为他们提供具有激励性和接纳性的学习环境,以激发他们无限的想象力。

除了使用柔和色调的图形外,其光线充足、无界的开放空间强调了"纯粹玩乐"的概念——

接纳处于不同学习阶段的孩子们去探索整个空间。整体设计采用了一种简约的方法,拿掉了不必要的家具和设备,只留下足够的空间让孩子们去创造他们自己的游戏。在传统上,游戏设施可分为两类:主动类和被动类。前者包括滑梯、攀爬网和躲藏设施,后者通常设置在沉浸式的课程环境中,如蛋糕制作和绘画课程。暖白色的饰面、自然采光及木质饰面桌椅营造了一个温馨的学习环境——这些设施的设置均考虑到了孩子的体形身高和使用的安全性。

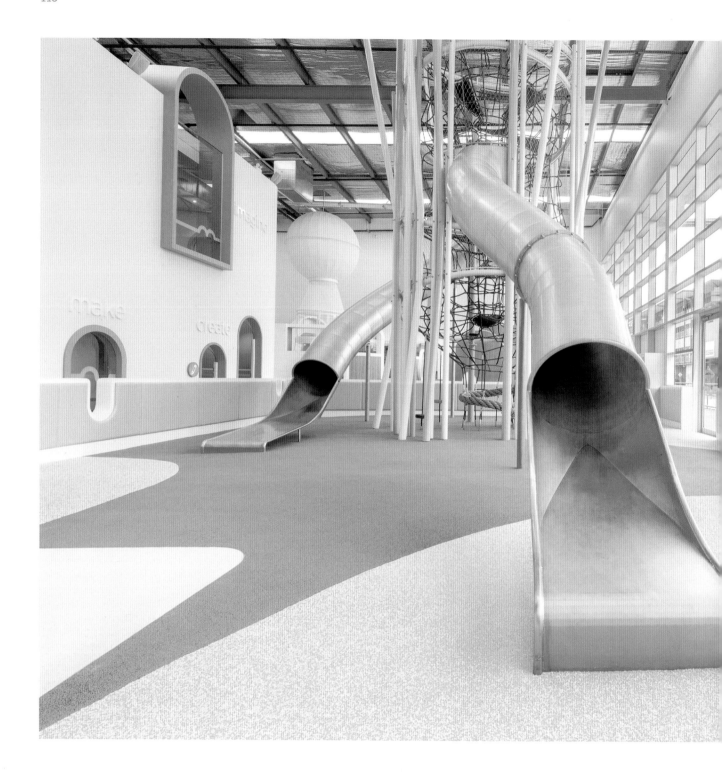

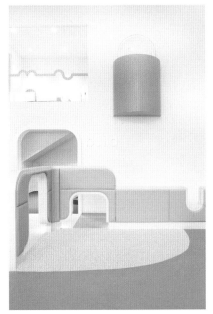

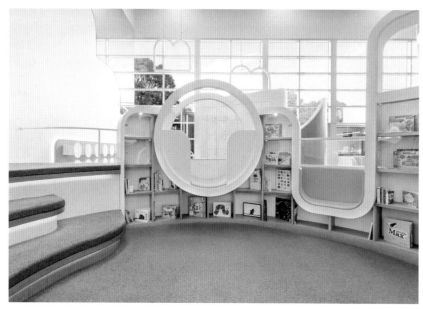

设计团队考虑的另一个关键要素是如何让成年
人安心地陪伴孩子——放松身心，甚至以孩子
般的好奇心去学习。家长在这里可以与孩子进
行大量的互动，与孩子一起度过宝贵的时光。
"纯粹玩乐"意味着每个人都可以在这个精心
设计的空间内享受美好时光。

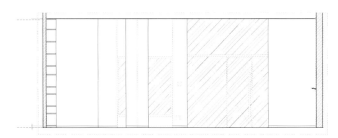
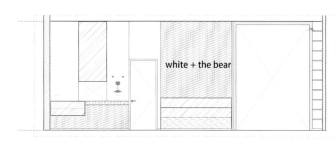

立面图

游戏娱乐

白熊儿童餐厅

地点： 阿拉伯联合酋长国，
迪拜

完成时间： 2019

设计： Sneha Divias 工作室

摄影： 纳泰利·科克斯
（Natelee Cocks），瓦娜·米
努蒂（Oana Minuti）

该项目是一家专门为儿童提供健康营养菜肴的儿童餐厅，由 Sneha Divias 工作室与世界知名主厨、儿童食品专家安娜贝尔·卡梅尔（Annabel Karmel）共同打造。这家餐厅是那些寻找独特氛围的城市居民的目的地，餐厅和概念店相结合，更为带孩子外出的父母提供了休息的场所。

与其他用白色来突出明亮色彩和流行文化形象的儿童空间不同，这家餐厅有其独特的审美，淡雅、安静，利于学习。

空间布局

这家店有两层，为想要休息一下或选购商品的家长和孩子提供了足够的空间。餐饮区与商店区融为一体——一楼和二楼过渡流畅，界线模糊。餐饮区位于一楼零售空间的中央，木质楼梯和黑色金属拱门引导人们进入二楼。二楼的阅读角和用于工艺品制作、生日聚会等特殊活动的空间吸引了众多年轻的顾客。此外，二楼还设有哺乳室和小商店。设计团队希望建立年轻顾客与空间的深层联系，让他们感受到这是一个安全、轻松的环境。

设计理念

家长希望孩子们可以享有干净的食物、安全的环境和高效的学习空间，Sneha Divias 工作室将他们的想法变成了现实。

设计团队结合色彩理论完成了平面设计。白熊儿童餐厅采用的是浅色调的配色，以避免过度刺激儿童的感官。餐厅的设计理念是为孩子和他们的父母创造多层面的体验。孩子们可以在吃饭、学习、阅读和探索的过程中获得不同的感官体验，并与他们的父母分享这些感受，这也增加了父母与孩子之间的互动。

设计特点

设计团队没有为了提升孩子的创造力和想象力而采用复杂的策略。相反，他们选择了干净的线条和风格简约的空间，但由于所用材质独特，温馨的氛围得以保留下来。

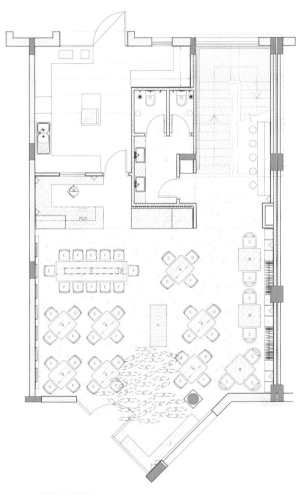

一层家具布局

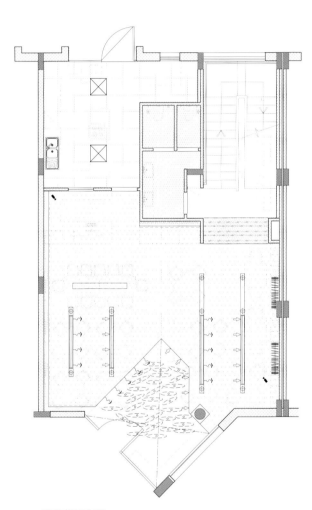

一层天花板布局

定制的通高陈列架、木质柜台和整合了所有元素的定制细木工设计是这家餐厅的亮点所在。另外，装有金属吊架的墙面设计非常独特，可以用来展示商品。一楼设有透气区，这里的玻璃隔断隔出了一个私密空间。趣味图形元素贯穿整个空间，这不仅能点燃孩子们的艺术热情，还能激发他们的想象力。

材料与家具

配色方案体现了设计师对品牌故事和理念的思考——黑白两色，简约、安静、清新。亮漆、饰面、金属、人造石和乙烯基地板也体现了设计师对材料的思考，饰面的选择兼顾了美感和日常的维护。顾客一走进这片宽敞的区域，就能看到 Brokis 品牌的鸟形吊灯，孩子们可以在这里找个舒适的地方坐下，家长的座位区则放置了 Haworth Harbor 品牌的椅子。洗手间的设计符合儿童身高标准，并配以 Cielo 品牌的洗脸盆和 Bagno Design 品牌的卫生洁具。天花板干净、整洁，另有凹陷的黑色光槽加以装饰。

设计初衷

设计团队对空间进行了适当的拆分，避免过多地分散孩子们的注意力，并借助光滑的白色背景来突出产品。室内空间的人性化设计还会让孩子们产生融入其中的感觉。在设计过程中，设计团队还考虑到了孩子的年龄等细节问题，最终呈现的餐厅为各个年龄段的儿童提供了与他人互动和交流的机会。他们可以在这里吃饭、玩耍、阅读、购物和探索，找到与他们有相同兴趣的伙伴。让孩子们去探知周围的环境，找到属于自己的舒适空间，这是白熊儿童餐厅的初衷。

> Workshops
> Party Room
> Reading Nook
> Gift Wrapping
> Concept Store
> Baby Nursing /
> Changing Station

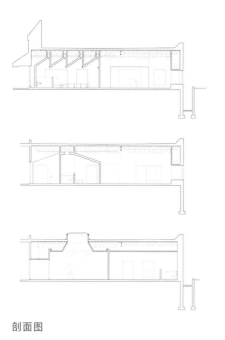

剖面图

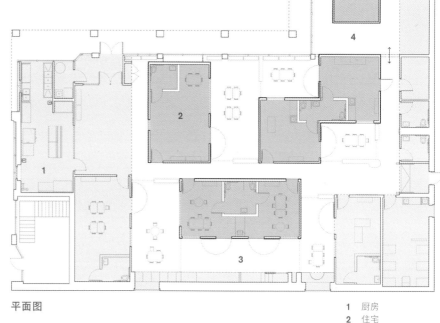

平面图

1　厨房
2　住宅
3　院子空间
4　尚未建成部分

教育训练

SolBe 学习中心

地点：美国，波士顿

完成时间：2019

设计：Supernormal 事务所

摄影：特伦特·贝尔
（Trent Bell）

早期的教学空间设计规范将教室定义为一个四面有墙、平均每个孩子有约 3.25 平方米活动空间的场所，而 SolBe 学习中心的设计对"教室"这一传统定义提出了质疑。他们联合 Supernormal 事务所打造了拥有多个特色活动区域的教室，以更好地与不同特色和年龄段的幼儿教学活动相匹配。

这个有边界的"寓所"就像一个开放式平面中的岛屿，为 90~100 个儿童专门提供了安静的学习空间和小组探索空间。"寓所"之间的开放式院落可以让孩子们愉快地玩耍，在午餐时间参加"从播种到餐桌"的课程及其他更大型的小组活动。这种专注学习和自由玩耍之间的自然转换，体现了课程设置的新颖性，也满足了孩子们在成长阶段和一天内不同时段对空间

变化的敏感需求。每个房间都配有依据其形态量身定制的照明系统，内部环境宁静而祥和。房间外面有布满天窗的高高的天花板，自然光可以透过隔音屏障洒落到院内，孩子们可以观察并感受昼夜交替的变化。

对教室空间的重新分配给当地街区的活动也带来了影响。每天晚上和周末，学习中心没有排课，教室的运动区域、厨房及院落游戏空间便可以供社区居民使用。居民们可以在这里上音乐课、参加冬季周末活动及继续教育课程。

设计团队的目标是通过在空间深处增加天窗和自然采光，最大限度地建立与户外的联系。内外部之间的联系引发了人们对天气、光照情况和街区环境的更多关注。

设计团队将教室设计成孩子们的第二个家。形态的多样性带来了不同的空间效果——内部安静、平和，色调中性；外部活跃、有趣，色彩缤纷，孩子们会感到舒适、安全，或是产生探索的想法，一切取决于孩子们的心情。

·孩子和父母。考虑到当代家庭生活的复杂性，设计团队通过"从播种到餐桌"的课程，灵活的空间、教学设计和可以为双职工家庭提供早晚餐的厨房，为家长创造更多的空间和时间来陪伴孩子。

·老师和保育员。设计团队希望尽可能地打造舒适、方便的教学环境，包括增加自然采光、优化教室内外的视野，为老师和保育员营造愉快的工作氛围。

·当地居民。该空间在工作日期间供早期学习和学前教育使用，晚上和周末则面向当地社区开放。教室的核心空间关闭后，其余的空间可供音乐和烹饪教学、瑜伽和家庭电影之夜等活动使用。设计团队的目标是打造一个在大多数时间里都活跃的地方社区。

El Porvenir 儿童发展中心

地点： 哥伦比亚，
里奥内格罗

完成时间： 2019

设计： Taller Síntesis
建筑事务所

摄影： 毛利西奥·卡瓦哈尔
（Mauricio Carvajal）

El Porvenir 儿童发展中心是一家公共机构，位于安蒂奥基亚省的里奥内格罗市。这个儿童发展中心可以容纳 400 名儿童，来这里的儿童主要来自相邻的社区。

全新的总部是单层砖砌建筑，取代了无法满足这类设施需求的小型建筑，由多个拱形建筑组成，向马尔帕索山和林地延伸。

教室就设在这些拱形建筑内，并与院落直接相连，不仅保证了充分的通风和采光，还给孩子们创造了亲近自然的机会，让景观永久存在于教育空间内，并使教室与自然有效融合。这些拱形建筑由一个与它们垂直排列的体块相连，这个体块内设置了项目的公共区域：可以充当大型庭院的食堂、为家长和学生提供服务的管

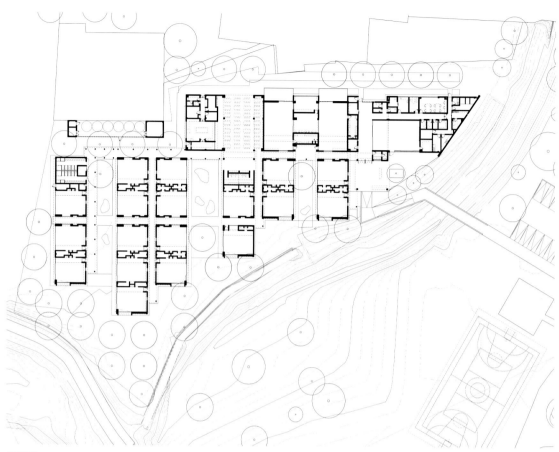

平面图

立面图

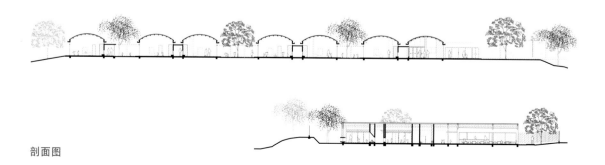

剖面图

理设施、直接面向外部开放的礼堂（供社区居民直接使用）、有顶的大厅（为等候孩子的家长遮风挡雨）。

对儿童需求的考虑贯穿整个项目，壁龛、窗户和家具均根据儿童的身材尺寸设置，打造仅仅属于他们的景观。每个房间都进行了色彩处理，以便孩子们辨识和使用各个空间。

Hello Baby 儿童中心

地点： 乌克兰，第聂伯罗

完成时间： 2020

设计： SVOYA 工作室

摄影： 亚历山大·安杰洛夫斯基（Alexander Angelovskyi）

Hello Baby 儿童中心位于乌克兰第聂伯罗市市中心的一栋住宅楼的一楼。当地的 SVOYA 工作室接受委托，为现有的儿童中心设计了一个全新的补充空间。在此过程中，设计师亚历山大·西多连科（Alexander Sidorenko）根据全新的设计理念为品牌重新命名，并塑造了新的品牌形象。

这个儿童中心的总面积为 517 平方米，由以下空间组成——

· 入口空间，包括前台、迷你咖啡厅和主题商店。这里还设有一个出口，通往贯穿儿童中心的走廊。这样的规划设计为未来的空间扩展提供了有利条件。走廊还具有游戏功能，并配以风格化的座椅。

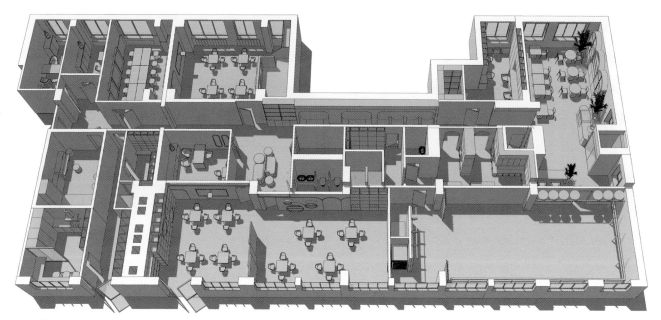

分析图

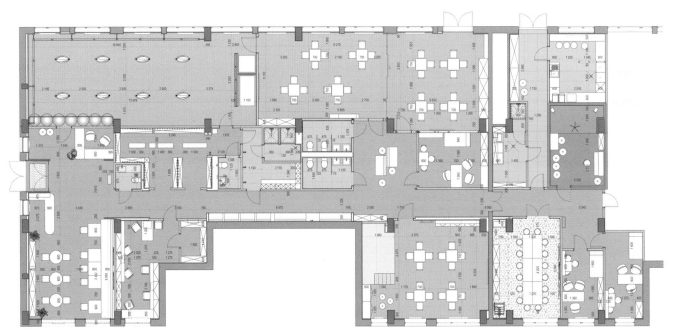

平面图

· 前台和健身房。从前台可以直接去往健身房（同时也是更衣室的入口）。健身房还可以为家长们提供服务，并设有独立的带淋浴设施的成人更衣室。

· 行政办公室和教师办公室，靠近入口空间。

· 多间浴室，供孩子、成人和其他工作人员使用。

· 3间大教室，其中2间可以合并，另外1间适用于安静的独处。

· 3间为个人课程准备的教室。

· 管理用房。

· 音乐教室。

· 创意空间。

在设计过程中，设计团队将重点放在建筑空间的内部关联、互动和转换上，尽可能地增加空间的有效使用率。下水道竖管是项目在进行设计时遇到的一大挑战，更确切地说，是项目的不足之处，但设计团队最终成功地解决了这个问题。

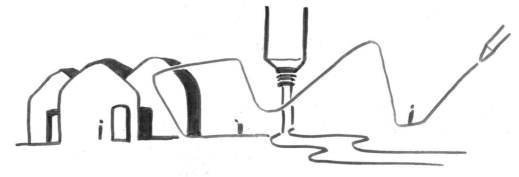

教育训练

深圳美艺天

地点：中国，深圳

完成时间：2018

设计：PAL设计公司

摄影：Dick Liu

孩子在学习中心里自由穿梭、攀爬，在纯粹而明朗的空间里探索。艺廊的空间促使孩子在经过不同艺术区域时发掘一切潜在的可能，启发孩子对美的感悟。大小不同、功能不一的教室为孩子提供了多元的学习空间，引导其发挥所长，并保持空间的新鲜感。

以白色与木饰为基调打造的亮眼、简洁的空间，如同画布般洁净；用线条丰富视觉层次，并用愉悦而鲜明的黄色及和谐而清新的绿色点亮空间，让孩子在无拘束的空间里尽情地发挥创意。

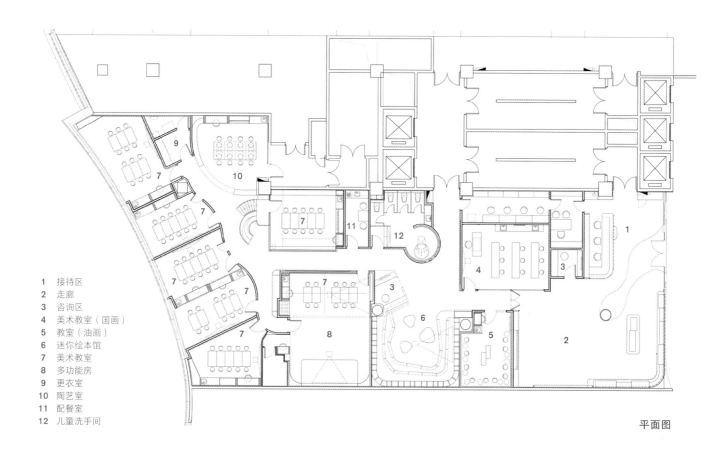

1　接待区
2　走廊
3　咨询区
4　美术教室（国画）
5　教室（油画）
6　迷你绘本馆
7　美术教室
8　多功能房
9　更衣室
10　陶艺室
11　配餐室
12　儿童洗手间

平面图

不同形态的弧线贯穿天花板及墙身，引导家长及孩子探索不同的区域。活动区的设置如同艺廊，让孩子融入艺术的氛围，教学课堂变得不再严肃沉闷，学习环境也变得自然轻松，走廊两侧的墙上挂着约翰内斯·维米尔（Johannes Vermeer）及弗里达·卡罗（Frida Kahlo）等艺术家的作品，走进油画室，孩子们可随意地将画作布置在波浪形的活动墙上，这些设计从细节上提升了孩子们的自由度。

为了让孩子舒适、自在地享受阅读，明亮的图书空间以软垫代替局促的书桌。小屋内的手工艺室给孩子们以不同而有趣的视觉感受，他们可由滑梯离开教室，使手工劳作课堂更有趣，激发他们的创作灵感。

洗手间内的大水桶设计让洗手变得很有乐趣。
整个空间都可以激发孩子的创造力和想象力，
并帮助其通过身体、感官、语言学习提升个人
的团队协作能力。

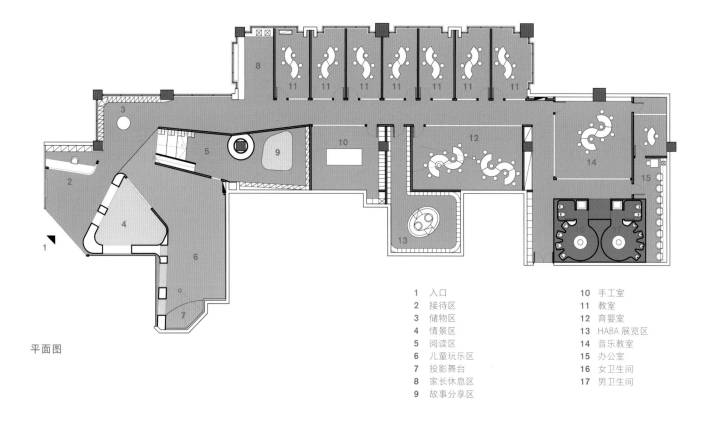

平面图

1 入口	10 手工室
2 接待区	11 教室
3 储物区	12 育婴室
4 情景区	13 HABA 展览区
5 阅读区	14 音乐教室
6 儿童玩乐区	15 办公室
7 投影舞台	16 女卫生间
8 家长休息区	17 男卫生间
9 故事分享区	

PlayPlus 教育中心

地点： 中国，深圳

完成时间： 2016

设计： 香港泛纳设计事务所

摄影： 吴潇峰

PlayPlus 教育中心位于深圳市内一个新兴的住宅区，是一个主要面向注重幼儿教育的中产家庭的新式教育机构。业主邀请香港泛纳设计事务所将德国 HABA 教育理念融合于空间设计之中，以空间设计促使儿童发挥想象力，并培养他们的多元化思维，创造一个与众不同的学习环境。

设计师根据空间功能分配与动线规划的需求，把商场内原有的一个占地面积较大的商店拆除，重新规划格局，以建立儿童日常学习的先后次序。儿童完成登记、更衣和脱鞋等程序后，先进入多功能公共空间学习与互动；之后，小型课室、音乐室和劳作室等让儿童可以进一步学习；最后，简单的卫生间设计让儿童有自学的机会。每一个区域与细节的设计都蕴含着浓

厚的教育意味，让儿童开展多元化的学习。

该设计理念基于"游乐园"（playscape）一词，旨在创造一个游玩的学习场景。这所学校有别于一般规行矩止的校园设计，让儿童在游玩中学习，体验全新的教育方式。在物料运用和设计上，以低调、巧妙和人性化的手法和元素建立儿童的归属感。

主要区域结构以木质材料配黄色系列软包为饰面，以符合儿童空间的安全规范。设计师利用现有的限制高度建造夹层和滑梯等，增加空间的趣味性并打造隐私空间。

家具的设计符合幼儿的人体工学，采用了暖色系和木材，亦具有不同的形状，打造灵活多变的学习环境。

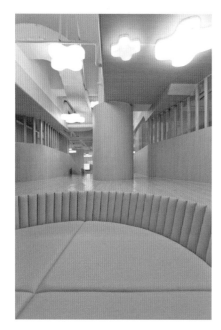

灯光采用的是较明亮的暖黄光，以防止孩子游玩时发生意外。另外，大小不一的特色灯具抽象地描绘出温馨的家庭意境。

色彩上，暖色系的浅木色和黄色的使用建立起鲜明的企业形象。粉色的搭配营造出活泼、温暖及亲和的感觉。

设计师以新的方式为空间带来不一样的故事性体验。为使用者量身打造的造型、颜色和动线等，让幼儿、老师和家长感受到人性化的设计。

教育训练

WeGrow 学校

地点： 美国，纽约

完成时间： 2018

设计公司： BIG

摄影： 戴夫·布尔克（Dave Burk），劳里安·吉尼托尤（Laurian Ghinitoiu）

由 BIG 和 WeWork 合作打造的第一所 WeGrow 学校在美国纽约市落地。互动式的学习环境有助于儿童的成长，可以滋养他们的头脑和心灵。这个总面积 930 平方米的学习空间设在曼哈顿切尔西地区的 WeWork 总部，是为 3~9 岁的孩子们设计的。

学校内的每个区域都有不同的功能，孩子们可以全天自由活动，从周围环境和小伙伴们身上学到很多东西。学校通过没有隔断的公共空间来强调合作的重要性，透明开放的空间占据了校园一半以上的面积，其中包括 4 间标准化教室、灵活的研讨空间、交流空间、多功能教室、

艺术教室、音乐教室及其他游戏设施，以满足孩子们的创造和社交需求。

学校内的大多数隔断都采用了与孩子们身高相近的架子，让自然光线到达建筑深处。学校针对不同年龄段的孩子，选定了 3 种不同高度的架子，并借助架子的曲线造型打造舒适、安全的小型活动空间，这样也确保了老师可以看到孩子们在各个区域的活动情况。天花板上安装了形状各异的毛毡吸声装置，包括手印、珊瑚、月亮等形状，天花板上的 Ketra 灯泡可以根据一天中的不同时段自动改变光线色调和光照强度。

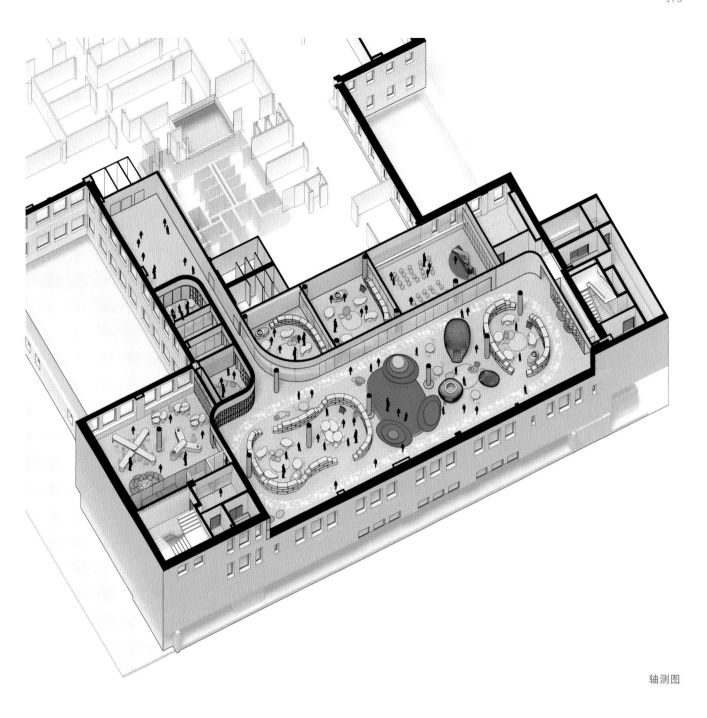

轴测图

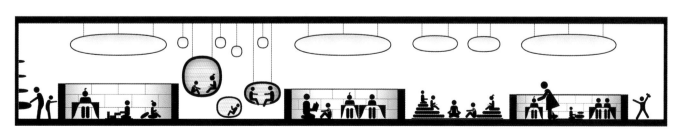

空间示意图

WeGrow 学校内的每件家具的细节均是 BIG 为优化教育环境而设计的：标准化教室有助于改善孩子们的行动和合作能力；由 Bendark 工作室设计制造的拼图桌椅有两种尺寸，可以满足孩子和父母彼此平视的需求；垂直花园铺以瑞士 Laufen 品牌的瓷砖；阴凉处生长着不同种类的植物。蘑菇书架和魔法草坪为孩子们营造了可以专心学习的氛围，阅读蜂房变成了沉浸式图书馆，为孩子们提供了一处绿色的学习环境。

老师、家长与孩子们共享的休息室与墙面形成了一个光滑的切角，并用有趣的毛毡材料进行装饰。家长可以在这里办公、聊天、等待孩子们下课。孩子们可以在一个全毛毡的区域参与益智解谜游戏，边玩边学。从休息室到教室的路上采用了吊灯和变色灯，这种灵活的照明系统是由 BIG 创意团队设计、Artemide 制造的，使舒适又自然的光线洒满整个学校。WeGrow 学校为孩子们提供了有趣而透明、舒适而规整的环境，希望孩子们在自省、探索和发现中学习和成长。

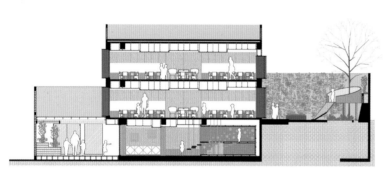

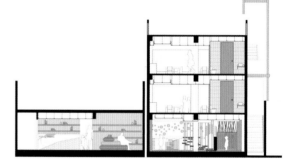

剖面图

教育训练

Nía 儿童学校

地点: 墨西哥,墨西哥城

完成时间: 2019

设计: 苏尔金·阿斯凯纳齐
（Sulkin Askenazi）

摄影: 奥尔多·C.格雷西亚
（Aldo C. Gracia）

Nía 儿童学校是一个总面积为 600 平方米的学习空间,委托方希望通过设计激发 2 ~ 8 岁儿童的创造潜力。设计团队试图利用各种环境为儿童的成长提供支持,让他们通过互动学习来培养自己的技能。

场地内允许儿童在各个灵活的空间之间自由移动。舞台设有锻炼大脑和身体的活动空间,并提供了两间学习房,设计团队还将大自然引入学习房的内部装潢中。照明系统旨在营造一种舒适、自然的环境。接待处摆放有符合人体工学的儿童家具,包括让人联想到大自然的木质座椅和高度不一的书架,这里成为可以随时供孩子学习的场所。

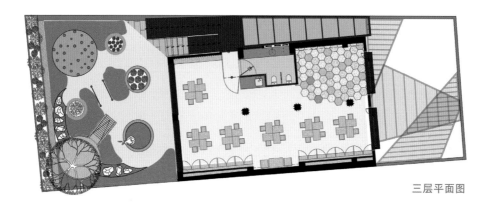

三层平面图

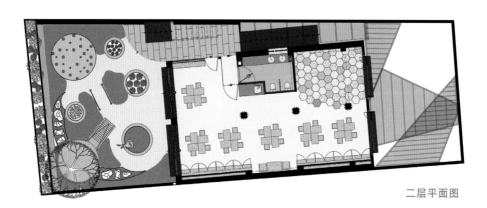

二层平面图

一层平面图

教室内还有可以作为学习资源使用的几何形木质模块和摆放六边形地毯的温馨阅读空间，这个空间是模仿蜂巢打造的，形成了一个开放的学习环境。中央走廊后方的协作大厅是一个可以提高探索和发现能力的动态游戏环境。客厅内采用了软木和橡木等柔和的装饰。淡蓝色的色块使孩子们对空间产生兴趣，也激发了孩子们的学习和探索欲望。设计团队希望这里可以培养墨西哥城的孩子们对独特设计的鉴赏能力。

教育训练

Little High 儿童学校

地点： 韩国，京畿道

完成时间： 2018

设计： m4 工作室，
明申（Mingshen），
全率滨（Solbin Jeon）

摄影： 770 工作室，李在尚
（Jaesang Lee）

韩国的一则广告曾引起父母们的关注。一位母亲正在给她的儿子读一个关于恐龙的睡前故事，但是在小男孩入睡后，这位母亲说道："事实上，妈妈并不喜欢恐龙，妈妈喜欢言情故事。"然后，她就开始在手机上看言情漫画。这则广告出现后，很多人看完都表示这正是他们想说的。

接着，关键信息出现了："要快乐，哪怕只是片刻。"

如今的爸爸妈妈们忙得连照镜子的时间都没有，这则广告反映了这个时代的社会现象，并告诉父母们不要放弃快乐。现在的社会不再要求父母无条件地做出牺牲，事实上，很多父母都认同给孩子的最好的教育就是让他们知道父母是快乐的，世界各地的早期儿童教育也都将重点放在父母和孩子的快乐生活上。

那么，一个让父母和孩子都能感受到快乐的地方应当是什么样的呢？又应当呈现出什么样的故事、主题和特点呢？答案是一个以儿童为中心，追求体验和教育的创作中心。

这个项目的委托方是两个孩子的父亲，他希望打造一个可以为父母和孩子提供宝贵体验的地方，这里并不只是一个娱乐场所，还是一个有价值的场所。来访者可以参与英语幼儿园或幼儿游戏班的活动，孩子们可以在此享受到极大的乐趣，与此同时，他们的父母也可以得到放松。设计师希望尽可能地体现委托方的这些愿望。

寻找人类幻想世界中的空间主题

每个人都想找到真正的自己，过他们想要的生活，追求内在自我的快乐，处于早期发育阶段的幼儿或父母也不例外。

在这所学校中，成年人得以暂时地从繁忙的生活和为人父母的责任中脱身，找回被遗忘的自我。孩子们尽情地玩耍和学习，并在幻想的世界中看到自己全新的一面。他们都在这个过程中创造出属于自己的幻想世界。设计师也在这种"自我幻想"中找到了设计主题，并以充分利用幻想、将梦想变成现实的方式对空间进行了设计。

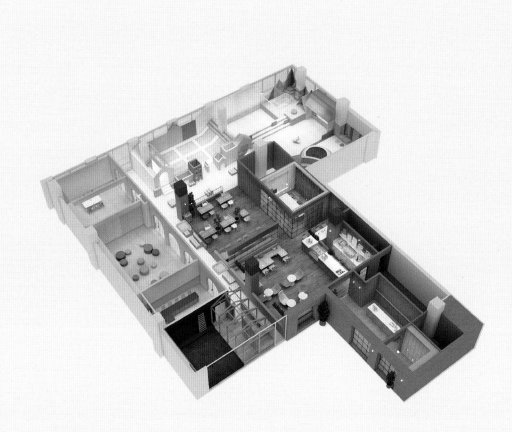

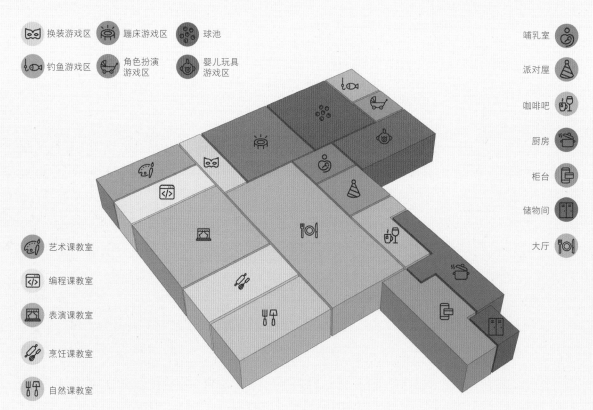

换装游戏区　蹦床游戏区　球池

钓鱼游戏区　角色扮演游戏区　婴儿玩具游戏区

哺乳室

派对屋

咖啡吧

厨房

柜台

储物间

大厅

艺术课教室

编程课教室

表演课教室

烹饪课教室

自然课教室

分析图

陪伴孩子的成年人可以成为宝贵的客户

设计师想到了父母对他们自己抱有的幻想。为人父母意味着家里有需要照顾的宝贝，同时也意味着会减少对自己的关心，吃饭、睡觉、穿衣，以及生活的其他方面都要以孩子为中心，父母的个人喜好因此被搁在一边。然而，父母还是会对他们真正想要的生活抱有幻想。因此，设计师从父母的角度思考了很多关于"放松"的问题。

在餐饮区，设计师没有用为孩子准备的食物和内饰来填满空间，而是加入了一些元素以示对成年人的喜好和生活方式的尊重。这里时尚的室内设计可以与一些咖啡厅相媲美。

然而，有孩子的场所不可能没有噪声和干扰。设计师需要一个特别的概念来解决这个问题，寻找一种享受喧嚣和忙碌的方式。他们想到了聚会的概念：人们可以在聚会中通过大声的音乐和交谈来缓解压力，而天台上充满活力的氛围恰好是他们想要的概念。于是，设计师打造了屋顶派对所用的细节元素。

为了突出天台的开放性，设计师准备了一些绿色植物，并使用了低矮的石墙、砖石和木质平台。柔软、舒适的沙发和昏暗的灯光让人觉得这是一个舒适的聊天场所，访客可以靠在一处，在热闹的气氛中享受食物、音乐和交谈。

一个供儿童探索自身潜能并促进成长的游戏场所

游戏区和探索区展现了一个充满无限可能的幻想世界。孩子们的甜蜜梦想和巨大潜力被描绘成不同形状的云，在这个"云的国度"里，梦想在蓝天——展开。

游戏区的设计是为了将"无限空间"的幻想变成现实，孩子们可以在这里探索自身潜能。成长中的孩子希望探知自己的体能极限，考虑到这一点，设计师将体育活动划分成四大类——力量型（投掷、击打、踢腿）、快速型（跑步、

跳跃）、高空型（悬吊、攀爬）和放松型（游泳、漂浮）。然后，他们另外设计了一个适宜的场所，孩子们可以在这里安全地参与活动，而且不会受到限制。设计师还根据云层之上的建筑和山顶的意象来打造空间，从而保持设计的一致性。

探索区呈现的是"做自己"的幻想世界。在这个区域，孩子们可以参与各种活动，探索自己的兴趣和才能。这里安装了折叠门，用来根据参与人数有效地分隔空间。孩子们可以试穿职业装，玩职业扮演游戏，憧憬自己的美好未来。

空间的整体氛围非常明亮，与家长多数时间所在的餐饮区形成鲜明对比。孩子们从游戏区和探索区进入餐饮区时，会明显感觉到这里的不同，行为举止也会变得小心翼翼。

人们聚集在不灭的篝火周围

美国设计公司 Shook Kelley 的联合创始人凯文·凯利（Kevin Kelley）在一次公开演讲中谈到"篝火效应"，提及将店面变成聚会场所的秘密。露营时，人们会自然而然地聚集在篝火周围，他们相互问候、交谈，分享温暖。篝火在人与人之间建立起特殊的纽带，并创造了共享价值。凯文·凯利指出，当聚会场所出现一个大家都感兴趣的主题——具象的篝火时，人们会自然而然地聚到一起，享受这个特殊的时刻。

设计师希望将 Little High 儿童学校打造成实现家长和孩子个人价值的场所，一个燃起自己独特篝火的场所。因而，他们在这里准备了大量的燃料，并真诚地希望可以用这些燃料打造一个欢乐之火永不熄灭的地方。

轴测图

亲子互动

Big and Tiny 亲子空间

地点： 美国，圣莫尼卡

完成时间： 2018

设计： ZOOCO ESTUDIO
事务所

摄影： Aaron & Jon 摄影
工作室

Big and Tiny 亲子空间位于美国的圣莫尼卡市，是一个独特的多功能空间，有助于激发孩子的创造力及社交能力，孩子的父母也可以在这里办公。这是首个为创业中的父母和他们的孩子准备的可以满足学习、游戏和工作需求的综合性空间。在这个项目中，设计团队成功地将共享办公空间的灵活性带到了这个让孩子放松和成长的地方，更有助于社区内的儿童、父母进行更多的交流。

设计团队的任务是通过整合父母的日常生活与职业生活，打造一个充满活力的家长社群，并充分考虑成人和儿童的需求。

亲子空间占地 195 平方米，这里采用了用高高的木制弓形桁架打造的天花板，在横向上限定着空间。这些桁架最终将空间分成 3 个独立的区域：前方的空间设有咖啡休闲区和零售区；中间部分（该项目的核心部分）是儿童游乐场；后方的空间最为隐蔽，是为家长们准备的共享办公空间。

设计团队将原有的桁架天花板作为一种通用的建筑语言，创建出重复的模块化结构系统，使亲子空间变得像迷宫一样丰富，并在前、中、后 3 个区域都打造出了引人注目的室内立面。

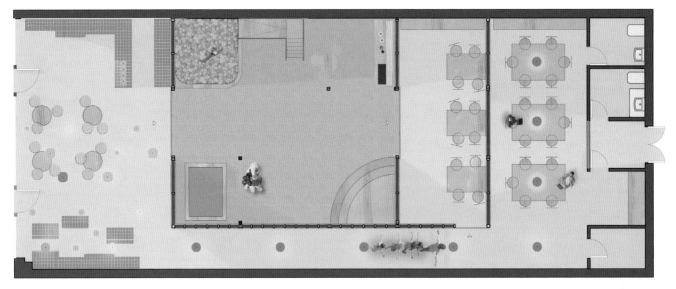

平面图

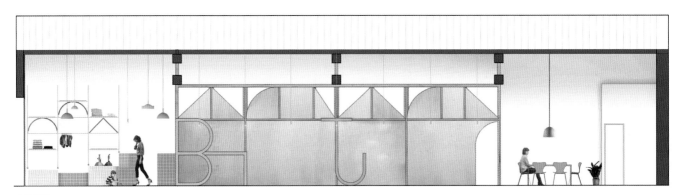

剖面图

前方的零售区是一个多功能空间，墙面上是铁制的零售货
架，旁边是柜台。空间内还设有可移动模块，这些模块是
用 10 厘米 ×10 厘米的粉色和蓝色瓷砖打造的，这两种颜
色也是亲子空间品牌所用的配色。这些模块具有极高的灵
活性，可以根据到访者的不同需求进行各式各样的组合。
为了统一视觉效果，零售区内的铁制搁板和货架也采用了
相同的设计元素。

中间区域是一个大型的木结构空间。这里由
两部分组成：一是儿童游乐场，里面设有海
洋球池和滑梯等木质游戏设施；二是艺术工
作室，孩子们可以在这里创作自己的艺术作
品或参加其他兴趣课程。

后方区域位于大型木结构空间和室外庭院之
间，为家长们提供了一个共享办公空间。

亲子互动

银湖区 Big and Tiny 亲子空间

地点： 美国，洛杉矶

完成时间： 2019

设计： ZOOCO ESTUDIO
事务所

摄影： Pixel Lab 工作室

高品质的亲子空间不仅是让成人和孩童可以一同享受美好时光的场所，同时也是帮助家庭成员获得成长的地方，"Big and Tiny"的理念由此产生。2018 年 7 月，由 ZOOCO ESTUDIO 事务所设计的第一家"Big and Tiny"亲子空间于圣莫尼卡市落成。此项目是该品牌的第二家亲子空间，位于加利福尼亚州的银湖区。

项目占地 467 平方米，室内最高点高 6.5 米。裸露在外的木制桁架屋顶结构覆盖了整个空间，成为引人注目的焦点。这种设置避免了冗余的支撑结构，营造了开敞通透的室内环境。除了屋顶桁架外，设计团队还在空间内设置了几个高度不一的封闭体块作为维护和功能空间使用，其中包括卫生间、厨房及会议室等。

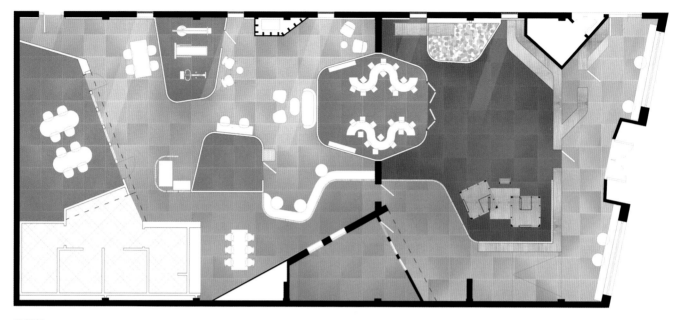

平面图

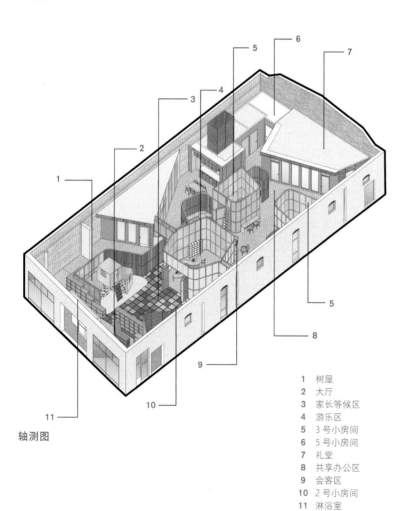

轴测图

1　树屋
2　大厅
3　家长等候区
4　游乐区
5　3号小房间
6　5号小房间
7　礼堂
8　共享办公区
9　会客区
10　2号小房间
11　淋浴室

项目的设计理念坚持两个基本原则：其一是在平面上规划出两个独立的空间，分别供成人及孩童使用，同时保证这两个空间之间的隔音效果；其二是在每个空间内，利用相对封闭的私密空间体块打造室内公共广场。

设计团队利用一面含有隔音层的墙壁将建筑分成两个部分，墙壁上安装了镜子，在视觉上增加了空间的面积。整体空间划分完成后，设计团队借助一个模块化隔音体系，通过扩展和压缩划分出不同尺度和功能的小空间，并在满足功能需求的同时，创造了流畅而富有张力的空间韵律。另外，这个结构体系还构成了室内广场的立面，而室内广场是儿童娱乐区和学生活动区的重要组成部分。

项目设计主要使用了木材、镜面、软木、毛毡等材料。木材以其优质的性能和温暖的质感成为主要结构及大部分家具的首选材料；中央隔墙上的镜面在视觉上扩大了成人区和儿童区的空间；软木和毛毡覆在功能体块的护壁板上，营造了一种温馨、亲切的氛围；软木还被用来制作分隔、支撑柜台和展架的结构。

在功能布局上，设计团队分别为儿童区（树屋和球池）和成人区（自行车区和休息区）设置了2个功能模块。此外，儿童区与成人区之间还设有一个较为封闭的功能体块，这里将作为儿童聚会空间。各个功能体块通过木质护壁板和木质曲面板相连。亲子空间内部用木板和木条拼接而成，这些木条除了作为空心墙的龙骨结构外，还构成了曲面的格栅屏风。室内的每一面墙都采用了相同的模数，木质饰面和龙骨结构清晰可见。

平面图

亲子互动

K11 MUSEA 儿童购物中心

地点：中国，香港

完成时间：2019

设计：香港泛纳设计事务所

摄影：吴潇峰

K11 MUSEA 坐落于香港特别行政区的中心地段，这个三层楼的儿童购物中心是城市中第一个专门面向儿童的购物商场，一楼和地库是通过滑梯相连的。

空间包括 3 个主要区域：身体专区、智慧专区和心灵专区。设计师从儿童的角度出发，利用基本的点、线、面元素实现了不同的空间功能——运动、学习及表演，希望通过内省、探

索和发掘来提升孩子的体格、思想和精神素质。礼宾台、座椅及导视系统等公共设施均按照儿童的人体工学标准设计。亲子洗手间是根据成人和儿童的身高量身打造的：厕格、洗手中岛、男洗手间内的 "Co-wee-wee" 区域均经过专门设计，可提供以家为本、有趣且期望之外的体验，以帮助人们建立更紧密的人际关系，这都是凸显童趣和满足孩子自尊心的体现。

身体：积极与锻炼

一个有机而充满活力的游戏区和亲子咖啡馆，
旨在释放能量，强调身体锻炼及放松充电。
黄色主调除了能给孩子们带来光明和愉悦感之
外，还能有效地刺激儿童的肌肉，有助于其手
脚的协调性发展。

智慧：智力与学习

思维专区被设计为一个开放式学习中心，为父母和孩子提供工作坊和课程。该区域以绿色和有机景观为主题，绿色具有刺激儿童记忆的作用。小型的桌椅有不同的形状，可以供使用者根据不同活动需求而移动、组合，以增加乐趣，并激发他们的学习兴趣。孩子们也可以直接坐在阅读区的地面上。

心灵：自我与互动

心灵专区有一棵镜像树，树的顶部有一个圆环显示屏。父母和孩子在工作坊完成创作时，其作品将同时显示在圆环上，每个人都可以在上面看到自己和别人的作品。该区域旨在通过多媒体互动激发所有人的创造力和自我表达能力。

设计师认为儿童商场不应成为主题公园，而应超越现实，并提供想象空间，通过抽象形式创造一个将教育和购物融为一体的儿童乐园。

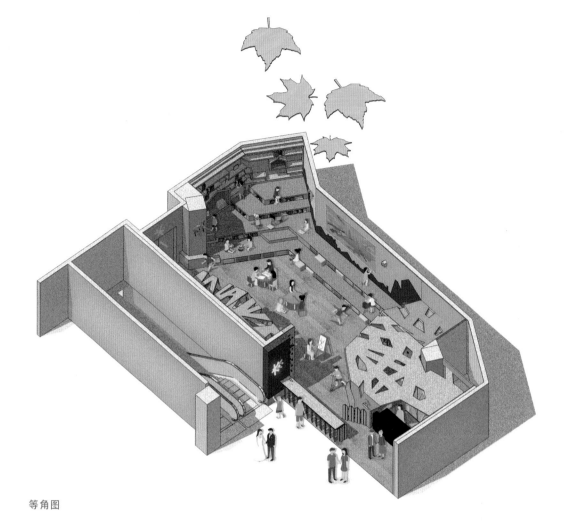

等角图

亲子互动

LIVING ROOM 嘉里城亲子空间

地点： 中国，上海
完成时间： 2018
设计： SPARK 思邦
摄影： 刘潋

LIVING ROOM 是一个供嘉里城会员使用的亲子社交空间，这个总面积 120 平方米的空间位于上海市浦东区嘉里城购物中心的 B1 层。其设计灵感来自"魔法森林"的民间传说，意在激发孩子和父母的好奇心、兴趣和互动。"LIVING ROOM"这个概念是业主商业策略的一部分，旨在应对线上、线下的购物竞争，为其会员创造丰富的购物体验。

LIVING ROOM 是一个聚会的地方，是父母陪伴孩子的地方，也是一个举办趣味课程和活动的地方。空间的灵活性、移动性和私密性的整合是划分活动空间、图书馆、家长区和卫生间等功能区时考虑到的关键因素。

孩子的珍奇花园坐落在一片"森林"空地上，周围环绕着三维的树屋舞台，用于策划各种活动。这个空间被一片巨大的背光"树叶"和装饰着色彩斑斓的小鸟的"树冠"照亮。"森林"里的地板上排列着阶梯座椅，里面还有阅读区和带有软垫的空间。亲子瑜伽、手工艺工作坊、电影放映和市场推广等活动都在"森林"中进行。大型艺术品和投影墙面向入口空间，吸引路过 LIVING ROOM 的顾客驻足。

　　"开放的小树屋"位于门口,里面有客服台、储藏室和卫生间。一个由"森林篱笆"组成的隐私屏障与一个集成的鞋柜相结合,父母在等待孩子时,可以一边倚靠在这里读书,一边给手机充电。家长还可以坐在带储物柜的"动物园"长椅上观看或者参与活动。树屋的设计采用了抽象的剪影手法,将重叠的树枝剪成剪影,并配以隐藏在树屋和森林鸟灯中的照明装置。该区域还包含一个信息板和自动售货机。"学习屋"是森林空地露台的延伸,是 LIVING ROOM 中最私密的空间,有书架及带坐垫的阅读角。设计师受原始主义绘画大师亨利·卢梭(Henri Rousseau)对异域景观的描绘的启发,认为这样的环境会激起孩子们的兴奋感和灵感。

空间的平面布局、形态和细节都是按照儿童人体工学标准设计的，以儿童安全为重，并且便于家长照看。"魔法森林"的主题贯穿于空间规划和设计细节之中。室内大面积地应用木质材料，与嘉里城主色调——生动的橙色、黄色、绿色和蓝色——形成对比。在门口，一个超级大的经过设计的标识"K"向过路的人打招呼，欢迎他们来到"魔法森林"，在购物中心度过充满文化氛围的一天。

亲子互动

MEMO 亲子派对阅读会所

地点： 中国，宁波

完成时间： 2019

设计： 宁波禾公社空间设计

摄影： 朴言

"十年种木，一年种谷，都付儿童。"

——元好问

设计师接到该项目时想到了元好问的一句诗词，大人所有的付出都是为了下一代。那么对设计师来说，怎样创造一个让环境绘人、空间溯本的环境成了该项目的命题。

空间分为上下两层，构成了不同的儿童体验空间。白色象征纯洁无瑕，木色代表温暖宁静，

设计师用白色与木色两种色彩将空间划分为动与静两大活动区域。

一楼采用了大面积的几何色块，点缀在空间的各个区域，让空间充满活力，使孩子释放天性，激发孩子的创造力。游艺区结合了具象的香蕉滑梯装置和带有仪式感的空洞灯光造型，保留了律动的童趣。

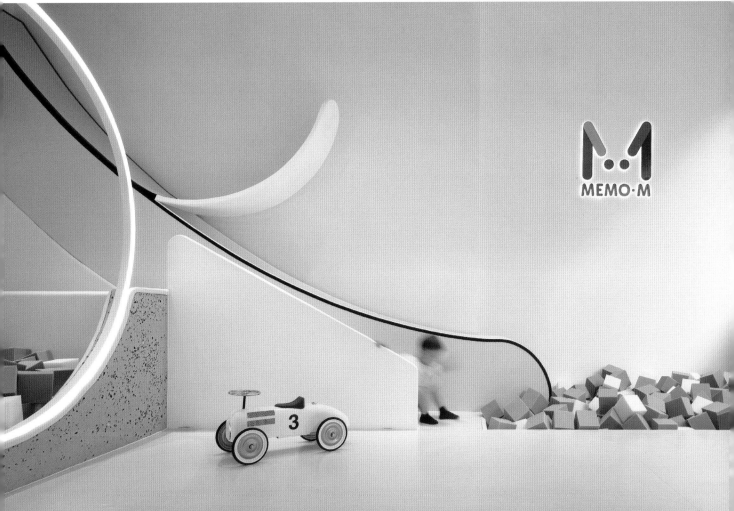

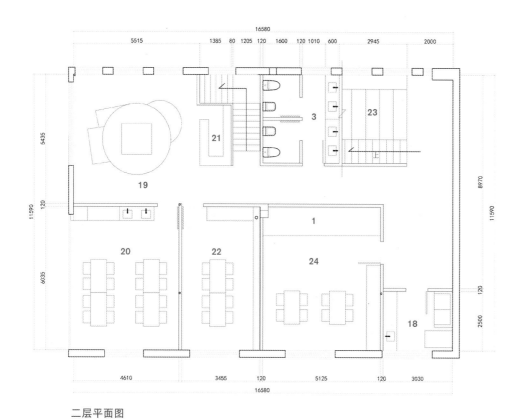

二层平面图

一层平面图

1	舞台
2	宴会厅
3	卫生间
4	干区
5	储藏室
6	设备间
7	前台
8	家长看守区
9	烹饪区
10	西餐区
11	冷菜间
12	切配区
13	粗加工 / 消洗间
14	海绵海洋球区
15	儿童游乐区
16	短滑梯
17	长滑梯
18	母婴室
19	娱乐区
20	手作区
21	吧台
22	普通绘本教室
23	阶梯绘本故事区
24	戏剧室

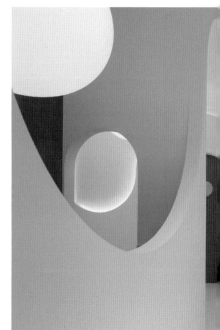

二楼以白色与木色圆形体现环境中平静、柔和、探索、进阶的氛围，以巨型球灯和隧道式的过道来联系空间，同时激发孩子的想象力。大面积的白色与木色让孩子在玩闹后可以回归宁静。

两层之间充满空间上的互动。一楼小楼梯的右侧是孩子们最喜欢的球池，孩子们在一楼既可以选择刺激的滑道，也可以顺着楼梯去往中段的木粒池，如此上下反复，乐此不疲。有些孩子会先被大香蕉滑道吸引，一鼓作气爬上二楼，然后发现里面是一个充满惊奇的新世界，再顺着滑梯向下，一落地又回到了最初的地方，看见才分开的爸爸妈妈正笑着在旁边看着自己。恍然间，一段新的探险旅程又要开始了。

设计师希望用多彩的世界绘制孩子的天性，用溯本的理念激发孩子的高光时刻。

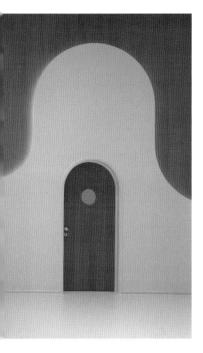

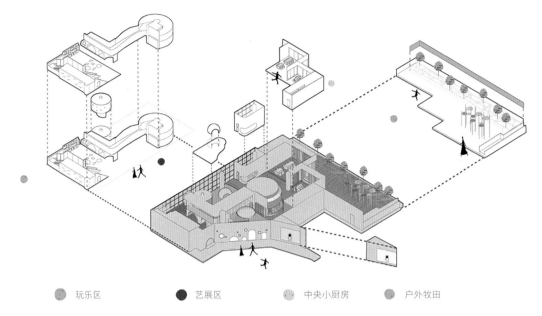

◉ 玩乐区　　●艺展区　　◉ 中央小厨房　　◉ 户外牧田

轴测图

亲子互动

Star Art Home 亲子餐厅

地点：中国，重庆
完成时间：2018
设计：ItD studio
摄影：刘宇杰

这是一个集亲子餐厅、艺展、玩乐为一体的多功能儿童空间。设计师在梳理设计理念时，融合业主需求以及孩童玩乐的天性，决定以一个"太空冒险之旅的故事"为主线，解放孩子爱玩、会玩的天性，赋予他们无限的想象空间，同时关注用餐环境对儿童身心健康的影响。

为孩子打造银河冒险乐园

这个银河冒险乐园的主要亮点包括以下设计模块——

灯塔和黑暗空间

二楼有一个13平方米的封闭、黑暗的圆形空间，里面有43个孔洞，好似一个灯塔，孩子们可以通过这些孔洞从不同的角度观察世界。孩子们可以想象他们仿佛飘浮在黑暗的星系中，被照亮的圆形孔洞是小行星。在这里，他们的想象力有多强，场景就有多丰富。

角色扮演剧场

这个半圆形的洞穴状小剧场位于桥下，面积为53平方米，内有黄色装饰和镜面，并设有软垫舞台和小球池。它为阅读、休息甚至即兴表演安排了一个私密而安静的空间。

悬索桥和秘密舱口

悬索桥将角色扮演剧场与游乐区连接起来，由网状格栅和秘密舱口构成，通向一个巨大的球池和一个透明的顶部滑梯，扩大了探索的维度，孩子们可以爬上"墙壁"，滑下滑梯，再穿过秘密舱口。

带有飞碟模型的"银河系"

在一楼，"银河系"由飞碟模型、混凝土地板和被涂成灰色的凸起区域构成，为艺术展览提供了柔和的背景。飞碟模型以其圆顶结构为孩子们带来太空探险体验，内部配有软垫和灯光，可兼作舒适的阅读角。

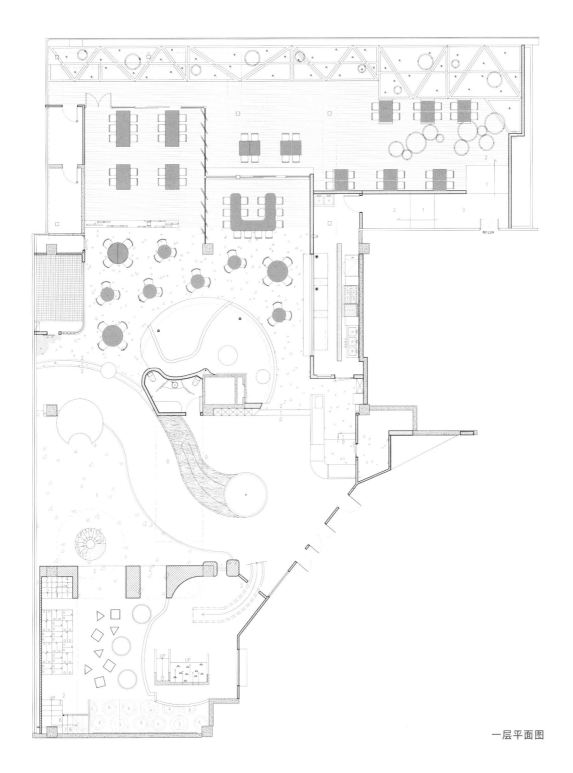

一层平面图

弧线——灵动多元

建筑师安东尼奥·高迪说过，直线属于人类，曲线属于上帝。设计师将弧线元素潜移默化地融入设计中，追求空间的流动性与分隔，给孩子的生活空间构建出一种温暖、自然的美感。

留白——人格化培养

为凸显孩子的主体性，设计采用了简约的手法——灰白主色调配上木色，明亮的落地窗，让孩子的活动空间更加充裕。

光与影——激发好奇心

对成人来说，光与影的变化也许是很常见、很普通的现象，但在一个小小的黑暗空间里，一切都那么迷离神奇，光影吸引着孩子们的视线，引导他们去探索。

雕塑——感知美、创造美

灯塔、半圆形洞、桥等丰富的空间形态让这里更像雕塑空间，简洁的材质经过设计团队的精心构筑，为孩子呈现出极具视觉冲击力的创意空间，用具体的形态讲述"美"的故事。

即将开启冒险之旅

设计理念以家庭为中心，以孩子为纽带，以育乐为目标，希望带给孩子一个有梦想、有惊喜的空间，促进家长和孩子更多地互动与沟通理解。设计师以故事作为连接家长与孩子之间的线索，给孩子打造一场星球冒险之旅，通过创建星球、银河、黑暗空间、太空牧场等元素，串联成关于探险、勇敢、快乐和成长的故事。

空间布局

孩子天生对未知的世界充满了好奇。整个空间不仅划分出了玩乐区，还分隔出了艺展区、中央小厨房及户外牧田。这个空间不单让孩子玩得开心，更加注重宝宝的动手能力和亲子互动，培养孩子对美的感知和创造力，并让大人进入孩子的童话王国，与他们零距离交流。

大厅

虽然是亲子餐厅，但整个空间配色并不花哨——明亮的落地窗，灰白主色调配上木色，给人简洁、清爽的高级质感。

玩乐区

700平方米的空间里，玩乐空间与亲子餐厅融为一体。这里有孩子们最爱的海洋球池、滑梯、积木、蹦床、吊桥、黑暗空间等儿童游乐设施，他们玩起来"曲径通幽"，好像在解锁每个区域，通关打怪。而用餐区拥有360度的开阔视野，家长们在放松双手的同时可随时观看宝宝的动态。

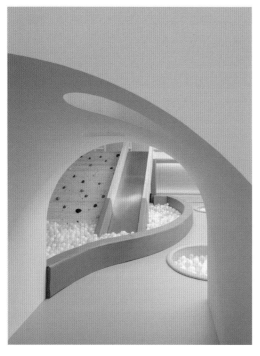

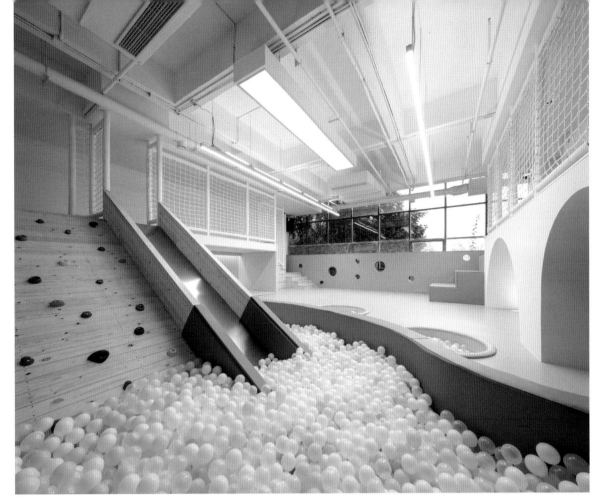

艺展区

让孩子从小就拥有感知美、创造美的能力非常
重要，但比这更重要的是对孩子审美能力的培
养。对美的欣赏能力比创造美的能力更重要，
一个不会欣赏美的人，如何能创造出美的事
物？那么如何培养审美能力呢？最简单有效的
方法就是带孩子去看艺术展览。

中央小厨房

这个区域可以让孩子了解世界不同地区的饮食
文化及相关知识、食物的制作过程，开发孩子
的创造力，培养孩子的耐心、专注力、观察力、
思考能力、动手能力、创造力和想象力，鼓励
孩子们勇于尝试新鲜事物。家长陪同孩子一起
上课，可以更多地观察和引导孩子，有助于建
立良好的亲子关系。

户外牧田

孩子们对万物都充满了无尽的好奇和探索的欲望，这是其他任何年龄段的人都无法相比的。牧田里种植各种植物，孩子们可以近距离地观察农作物，了解我们每天吃到的食物是怎样来的，在这样有机的生活体验中，感受自然的点点滴滴。孩子在中央小厨房上课的时候可以去牧田里面采摘蔬菜。在孩子心中，自然不再是一个空洞、抽象的概念，而是一点点变得清晰起来。

Index
索 引